正誤表

本誌『動物園めぐり　シーズン２』にて誤りがございましたので、下記の通り訂正いたします。

P93 右上写真	誤	マレーバク「コモレ」ではなく「ヒサ」（2022年末死亡）の写真になっていた。
P95 左下写真	誤	アジアゾウ「うらら」ではなく「コサラ」の写真になっていた。
P126 写真	誤	グンディではなくオグロプレーリードッグの写真になっていた。

この度はご迷惑をおかけして誠に申し訳ございません。

皆様に深くお詫び申し上げますとともに、再発防止に取り組んでまいります。

(株)G.B.出版部

はじめに

今、少しずつ平穏に戻りつつある世の中で、
多くの制限に囲まれていた時期が過去になろうとしています。
動物園や水族館の動物たちは、コロナ禍なんて知りません。
長く続いた臨時のお休みに
「なんとなく様子が違う」と感じた動物もいたかもしれないし
まったく気にしていなかった動物もいたでしょう。
それも含めて毎日が過ぎていき、今、そしてこれからに続いていきます。

それは飼育員さんたちの心づかいや、懸命な努力で保たれた日常です。
動物たちをわずらわせない。不安にさせない。生活を変えない。
人間社会の不安や心配を見せずに目の前の動物たちと真摯に向き合うこと。
動物や飼育に対しての知識や経験はもちろん、深く大きな愛情が動物たちを守り、
それによって動物たちのふだん通りの元気な姿に、会いに行くことができます。

ZOO

そして動物園や水族館には、動物の姿を多くの人に知らせ、
親しんでもらうといったことの他にも大切な役割があります。
種を守り、次代につないでいくという役割です。
繁殖に力を入れる園館がたくさんあります。
それはかわいらしい赤ちゃんを見てもらうためだけではなくて
動物の種の保存という役割を担っていることも多いのです。
そのため展示をしないバックヤードで
希少な動物を飼育している園館も少なくありません。

それぞれの動物の生息地の環境を再現するような飼育場、
生態に合わせて行う飼育やショー、トレーニング。個々の性格に寄り添ったお世話……。
施設の運営も、それぞれの飼育員さんも
そこにいる動物のためにできることを懸命に探りトライする。
その積み重ねが、来訪者の目にする動物たちの
イキイキとした自然な姿につながっています。

本書で紹介できるのは動物たちや動物園、水族館のほんの一面です。
気になる動物がいたら、ぜひ会いにいってみてください。
よく見られる仕草や表情、得意のパフォーマンスがあっても
動物たちの日々の姿に、ひとつとして同じものはありません。
赤ちゃんが生まれたり、他の施設との間で移動があったりと、
その動物園、水族館で会える動物も変化していきます。
動物たちの素のままの姿を見て楽しんだり
パフォーマンスに興奮したり、動物たちと交流を図ったり。
訪れるたびに、いろいろな出会いや発見があるはずです。

本書のみかた

❶ 紹介する動物の愛称。愛称がない等の場合は「―」と表記しています。

❷ 紹介する動物の種類。

❸ 紹介する動物の分類。綱（こう）、目（もく）、科（か）を表記しています。

❹ 紹介する動物の生年月日と性別（一部除く）。特定の動物を紹介していない場合は空欄となっています。

❺ 紹介する動物の性格・特技・好物。2ページにわたり紹介している動物のみ表記しています（一部除く）。

❻ 紹介する動物に関する情報です。それぞれ該当する場合は色がついています。

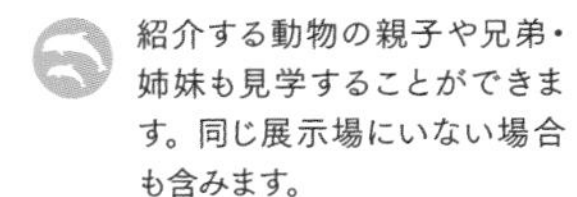

紹介する動物に触れることができます。

紹介する動物の親子や兄弟・姉妹も見学することができます。同じ展示場にいない場合も含みます。

該当しない場合は左のように色がついていません。

紹介する動物のパフォーマンスやトレーニングの様子を見ることができます。

紹介する動物がエサを食べているところを見学できます。一部、エサをあげることができる場合も含みますが、必ず事前に情報をお確かめください。

Category

01

HOKKAIDO

北海道 ／ 東北

TOHOKU

02 札幌市円山動物園

P012

北海道初の動物園として1951年にオープン。4頭のアジアゾウが暮らす国内最大級のゾウ舎や、岩場や小川、芝生や水中トンネルが配置されたホッキョクグマ館など、広大な敷地を活かした展示が特徴です。

住所●北海道札幌市中央区宮ヶ丘 3-1 **電話**●011-621-1426 **開園**●3～10月／9:30～16:30、11～2月／～16:00（入園は閉園30分前まで） **休み**●第2・4水、8月は第1・4水（祝日の場合は翌日）、4・11月は第2水を含む週の月～金 **料金**●小人無料、大人 400～800円ほか **駅**●札幌市営地下鉄東西線円山公園駅から JR 北海道バス、円山動物園西門バス停・円山動物園正門バス停下車すぐ **HP**●http://www.city.sapporo.jp/zoo

03 釧路市動物園

P016

国内最東端に立地する同園は敷地面積も広く、約48種298点の哺乳類・鳥類を飼育展示しています。森林や湿地もある豊かな自然環境の中で、北海道ならではの動物たちをゆったり見学できるのも魅力です。

住所●北海道釧路市阿寒町下仁々志別11 **電話**●0154-56-2121 **開園**●4月上旬～10月中旬／9:30～16:30、10月中旬～4月上旬／10:00～15:30（入園は閉園30分前まで） **休み**●12～2月の水（祝日の場合は開園） **料金**●小人無料、大人 580円ほか **駅**●JR 根室本線・釧網本線釧路駅から阿寒バス、釧路市動物園バス停下車すぐ **HP**●https://www.city.kushiro.lg.jp/zoo

04 秋田市大森山動物園 ～あきぎんオモリンの森～

P020

秋田市が一望できる大森山に立地する同園では、豊かな自然を活かした敷地内に約90種550点の動物たちが生活。食事風景が見られる「まんまタイム」や「エサやり体験」が人気で、動物との距離が近いことが特徴です。

住所●秋田県秋田市浜田字潟端 154 **電話**●018-828-5508 **開園**●3月中旬～11月／9:00～16:30、1月上旬～2月の土日祝／10:00～15:00（入園は閉園30分前まで） **休み**●12月、1～2月の平日、3月1日～第3金 **料金**●小人無料、大人 730円ほか **駅**●JR 各線秋田駅から秋田中央交通バス、大森山動物園バス停下車すぐ **HP**●https://www.city.akita.lg.jp/zoo

05 八木山動物公園 フジサキの杜

P024

約125種600頭を飼育する東北最大級の動物園。絶滅危惧種のクロサイなどが暮らす「アフリカ園」、スマトラトラがいる「猛獣舎」、ツキノワグマの人気者ツバサがいる「日本区」など見どころがたくさん。

住所●宮城県仙台市太白区八木山本町 1-43 **電話**●022-229-0631 **開園**●3～10月／9:00～16:45（入園は閉園45分前まで）、11～2月／～16:00（入園は閉園1時間前まで） **休み**●水（祝日の場合は翌日） **料金**●小人無料～120円、大人 480円ほか **駅**●仙台市営地下鉄東西線八木山動物公園駅からすぐ **HP**●https://www.city.sendai.jp/zoo/

ZOO DATA

01 旭川市旭山動物園

P008

日本最北端に位置する動物園。あざらし館の円柱水槽「マリンウェイ」ではゴマフアザラシの特徴的な泳ぎを観察できる他、キタキツネやエゾユキウサギなどに会える「北海道小動物コーナー」も見どころです。

住所●北海道旭川市東旭川町倉沼　**電話**●0166-36-1104　**開園**●4月下旬～10月15日／9:30～17:15（入園は閉園1時間15分前まで）、10月16日～11月3日／～16:30、11月中旬～4月上旬／10:30～15:30（入園は閉園30分前まで）　**休み**●4月上旬～下旬、11月4～10日　**料金**●小人無料、大人1000円　**駅**●JR各線旭川駅から旭川電気軌道バス、旭山動物園バス停下車すぐ　**HP**●https://www.city.asahikawa.hokkaido.jp/asahiyamazoo

旭川市 旭山動物園

北海道旭川市

クチバシ、羽、おなかの色のコントラストがはっきりしているキングペンギン。同園のペンギンの中では最大です。もぐもぐタイムには、ペンギンたちのエサの食べ方に個性の強さを見ることができるかも。

A B 真横や頭上をペンギンが飛ぶように泳ぎ回る水中トンネル。月に数回の掃除には慣れが必要だそう。C お散歩で雪にはしゃぐペンギンたち。雪のある12〜3月頃まで、1日2回、飼育員さんの解説を聞きながら園路を500mほど散歩するペンギンの姿を楽しめます。

雪にはしゃぐ 冬の散歩が大人気

キングペンギン

鳥綱ペンギン目ペンギン科

同園の「ぺんぎん館」には、キングペンギン、ジェンツーペンギン、フンボルトペンギン、イワトビペンギンの4種類のペンギンがいます。360度見渡せる水中トンネルは同園の中でも人気のスポット。頭上を想像以上の速度で泳ぎ回るペンギンは、まるで飛んでいるように見えます。トンネルで長い時間を過ごすお客さんが多いのも納得の迫力。1羽がスピードを出すと、並んで泳ぎ始めたり、くるくると回転したり、読めない動きにワクワクします。

子どものオランウータンは毛がぼやぼやしています。群れを作らないため、お母さんと赤ちゃんは基本的にふたり暮らし。赤ちゃんが親離れするまでには7〜10年ほどかかります。

A 上下運動ができる立体的な運動場。子どものうちから高い場所は大得意。見学の際は夢中で見上げすぎて首が痛くならないよう注意。写真の個体は成長しました。B 長い毛は大人のオスの特徴です。明るい色の長い毛はメスへのアピールに役立つのだとか。C 屋内でも運動不足の心配はありません。器用にロープを伝って遊びます。

はるかに高い17m 圧巻の綱渡りを見て

ボルネオオランウータン

哺乳綱霊長目ヒト科

マレー語で「森の人」の通り、ほとんどの時間を樹の上で過ごします。同園の「おらんうーたん館」には高さ17mの位置で綱渡りができる施設があり、ロープや運動できる設備がたっぷり。大きな体でゆうゆうと木から木へ渡る行動を観察することができます。

寒さに弱いため、冬期は屋内展示だけになりますが、屋内では豊かな表情や繊細な仕草を間近でゆっくり見ることができます。飼育員さんの解説つきのもぐもぐタイムも要チェック。

写真提供（p8-11）：旭川市旭山動物園

オオカミの洞窟に迷い込んだよう

シンリンオオカミ

哺乳綱食肉目イヌ科

突然始まるオオカミの遠吠え。存在をアピールするなど、仲間との大事なコミュニケーション手段です。

「オオカミの森」には天窓があり、足跡がたくさんついています。運がよければオオカミが頭上を歩いてくれるかも。自然に近い広々とした環境で暮らすイキイキした様子を、かまぼこ状の透明カプセル内から間近にのぞくことができます。

ふだんは穏やかな性格で ツノが固まると荒々しく

トナカイ

哺乳綱偶蹄目シカ科

ツノの様子は季節や個体によって様々。シカ科の動物でメスにもツノがあるのはトナカイだけです。

寒さに強いトナカイは気候が合う同園で1年中元気な姿を見せてくれます。オスは春に生え変わったやわらかなツノが硬くなる秋、突然行動が荒々しくなります。冬になるとツノが落ち、また穏やかな性格に戻るのが面白い。メスは冬もツノがあります。

長いヒゲに、呼吸の時だけ開く丸い鼻穴。エサの魚は基本的に丸呑みするため、魚をのどの奥に押し込みやすいよう舌先に割れ目がついています。

A マリンウェイでの泳ぎはスピーディーだったり、ダンスをしているみたいだったり。距離がとても近いので、アザラシと目が合うとジッと見返してくれることが多いとか。B プールの浅瀬で気持ちよさそう。体のゴマ柄に個体の特徴が表れています。C 雪が積もる時期は一番アクティブな様子が観察できます。

いつもキョロキョロ目が合うかも

ゴマフアザラシ

哺乳綱食肉目アザラシ科

流

氷とともに北海道にやってくるゴマフアザラシ。好奇心がとても強く、いろいろなものを見ながら泳いでいます。同園にはマリンウェイと呼ばれる円柱水槽があり、得意な垂直泳ぎも披露してくれます。

寒い冬には脂肪をたっぷり蓄えますが、夏はちょっぴりスリムめ。でも泳ぎのキレは1年中変わりません。プールの中にいる時間が長いけれど、陸に上がった様子も見やすい展示で、四季折々の自由自在な行動を楽しめます。

北極圏の生態系トップ 生涯を海氷で過ごすクマ

ホッキョクグマ

哺乳綱食肉目クマ科

北極の海に浮かぶ海氷を生活の場とし、海氷に適応した生態をもつホッキョクグマ。海氷を休息の場所、移動、繁殖、採食を行う生活の基盤として活用しており、一度も陸に上がることなく海氷の上で生涯を終える個体もいます。

泳ぐのに適した流線型の体で前足をオール、後足をかじとして使って上手に泳ぎます。野生での食事はアザラシを主食にした肉食に近い雑食ですが、同園では野菜も与えています。

国際基準を満たした同園のホッキョクグマ館には、広くて深いプールがあります。水中トンネルからは陸地では見ることのできない下からのアングルや、自由に泳ぐ姿を見ることができます。
ホッキョクグマはバックヤードと展示場の行き来が自由。そのため姿が見られないこともありますが、計4頭のホッキョクグマを飼育しているため、誰かには会えることが多いはず。夏はバックヤードに冷房を入れて涼める環境を整えています。

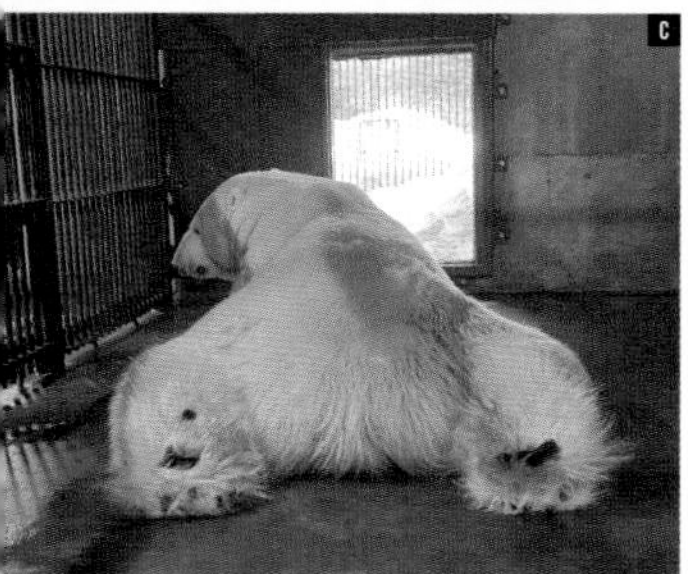

A 泳いだりエサを食べたり遊んだり。すべてホッキョクグマのペース。その時々に自由でイキイキとした姿を観察できます。B C 体力を消耗しないよう、バックヤードでまったりしている時間も長いのです。D ホッキョクグマの隣ではアザラシを飼育しており、アザラシを眺める姿も見ることができます。大きな体に合わせて深さも十分なプール。陸上よりも水中のほうがノビノビ動いているように見えることも。

同園には繁殖のために来園したオスの他、父、母、仔（大人になっています）の３頭がいますが、野生での単独行動に合わせてそれぞれ別々に飼育しています。

写真提供（p12-15）：札幌市円山動物園

全身が長い体毛で覆われ、高地や寒冷地に適応しています。冬は毛が伸びて、夏の2倍ほどにもなります。

A 寒さに適応するために鼻から吸った冷気が肺に入る頃にはほぼ体温と同じくらいになるような鼻のしくみです。B 体に巻きつけて寒さから身を守ったり、足場の悪い場所でのバランスを保つのに使ったり。長いしっぽはいろいろと役立っています。C 繁殖期以外は単独で行動し、野生ではウサギやシカなどを狩って食べます。

ネコ科最長のしっぽを持つ高山の幻の生きもの

ユキヒョウ

哺乳綱食肉目ネコ科

ネコ科で最も長い立派なしっぽは、頭からおしりまでの長さの75～90%程度にもなるとか。野生下では研究者でも「一生のうちに一度でも見られたら運がいい」と言われているくらい姿を見せない動物で「幻の動物」や「山の幽霊」とも呼ばれています。ネコ科の生きものらしい勇壮で優雅な姿をじっくり観察できるのは動物園ならではです。

じっとしていることが多いけれど、時々すごいジャンプを見せたりするので目が離せません。

リスじゃないよ サルの仲間です

スンダスローロリス

哺乳綱霊長目ロリス科

動きは基本的にゆっくり。でもエサのコオロギをとる時は、とっても素早いんです。

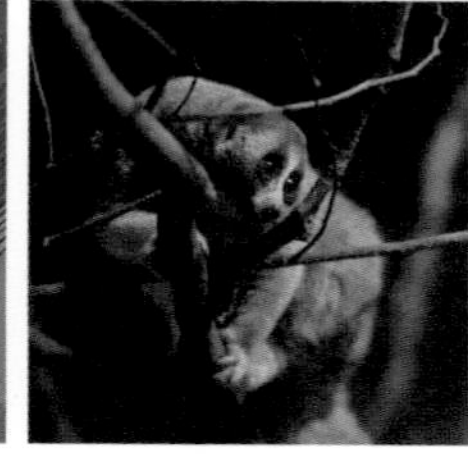

名前からリスの仲間だと思われがちですがサルの仲間です。手足２本でつかまることができれば、どんな体勢でもぶら下がっていられます。サルの多くは雑食で、スローロリスの主なエサは樹液。同園ではアラビアゴムを与えています。

地上最大級の動物に最大級の飼育施設を

アジアゾウ

哺乳綱長鼻目ゾウ科

砂浴びや泥浴びが大好き。地面は全面砂になっており、ゾウの足への負担を軽減する工夫をしています。

同園のゾウ舎は国内最大級。野外だけでなく屋内にも水場が設置され、いつでも好きな時に水浴びをすることができます。同園にいるアジアゾウたちは、ミャンマーから一緒にやってきました。

子トラのむじゃきさで
たくましく生きていく

ココア

アムールトラ

哺乳綱食肉目ネコ科
2008年5月／♀

絶

滅危惧種に指定されるアムールトラは、主にロシアや中国を流れるアムール川流域に生息しています。別名シベリアトラとも呼ばれ、トラの中でも寒い地方に暮らしています。そのため毛は長くて深く、冬毛は4～5㎝もの長さ。綿のような冬毛に包まれる体は、色が淡く鮮やかになります。

ココアは生まれつき足に障害があり、歩き方も独特。障害に負けず力強く育つ姿を応援するファンが多く、誕生日にはエサやおもちゃのプレゼントも届きます。

写真提供（p16-19）：釧路市動物園

足の具合に配慮して、少なめのエサで暮らしているため体は小さめです。人工哺育で育てられたので人が好きなことを全身でアピール。人を見る表情も優しく、会いにくるお客さんを癒しています。

アムールトラはネコ科の中では珍しく水に入ることを好みます。ココアの展示スペースにもプールがあり、浮き球で遊んだり、水浴びができたりします。

おすすめの時間は午後3時半頃のエサの時間。好物のシカ肉などを食べる様子は見応えがあります。

A 人なつこく、ネコのようなむじゃきな仕草もファンを喜ばせます。全国から定期的に会いにきてくれるファンも多い人気者。B 寒さに強く雪の中でもリラックスして過ごせる余裕があります。C ふだんはコミュニケーションをとりやすいものの、麻酔をかけての検査など、いやなことをされそうな時は、まったく言うことを聞かないガンコさを見せます。

釧路市動物園

母を亡くし人が育てた
愛嬌満点のトナカイ

フジノ

トナカイ

哺乳綱偶蹄目シカ科
2021年7月27日／♀

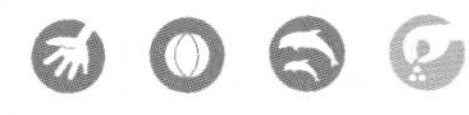

オスもメスも角を持つトナカイ。大きくてたいらな蹄(ひづめ)は雪の上を歩くのに適しています。生まれてすぐに母を亡くし、飼育員さんに育てられたフジノは、子ども時代(写真左上下)掃除のじゃまになるくらい飼育員さんにべったりでした。

アイヌ語の名前を持つ表情ゆたかな双子

リム&レラ

レッサーパンダ

哺乳綱食肉目レッサーパンダ科
2021年7月31日（双子）／♂

名前の由来はアイヌ語で、リムは「波」、レラは「風」を意味しています。好奇心旺盛なレラとおっとりリムはいいコンビ。竹やタケノコ、木の葉、ドングリ、果実などを食べるレッサーパンダですが、中でもリンゴは2頭とも大好きです。大きくなった今は別々に飼育しています。

機嫌のよしあしで様々な面を見せる

コハク

アミメキリン

哺乳綱偶蹄目キリン科

2019年7月2日／♂

晴れた日が好きで、天気が悪い時には外に出たがりません。日課は蹄を整えるトレーニング。

生まれてすぐに上手に立てなかったため飼育員さんからミルクをもらって成長したコハク。人に慣れていますが、たまに言うことを聞いてくれなくなるお坊ちゃまな面も。舌をうまく使って園内の植物を食べるのが得意です。

ブモブモ鳴いてアピール

チャッピー

カナダカワウソ

哺乳綱食肉目
イタチ科
2005年3月／♀

平和な寝姿や、立ち上がってお客さんを確認したり、1日4回のごはんタイムに激しくおねだりしたりと見どころがたっぷり。

いつもお母さんにべったりでした

わたあめ

アルパカ

哺乳綱偶蹄目
ラクダ科
2022年2月11日生／♀

両親ゆずりの真っ白な毛が特徴。子どもの頃は好奇心旺盛で他のアルパカの行動が気になっていました。写真は生後12日目。今はすっかり大人です。

秋田市
大森山動物園
秋田県秋田市

珍しい動物の中でも
個性的な不思議ちゃん

リヒト

ユキヒョウ

哺乳綱食肉目ネコ科
2016年4月19日／♂

幻の動物といわれるほど野生下では見られることの少ないユキヒョウ。その中でもリヒトはとても個性的で、マイペースなところがあります。何もなく、何もいないところを見つめている時間が多いので、飼育員さんも不思議で仕方ないとか。

一方とても優しい面があり、パートナーであるアサヒの嫌がることは絶対にしません。出会った当初はアサヒから逃げていましたが、徐々に距離感をつかみ、今ではアサヒに合わせて動いています。

リ

ヒトとアサヒが結ばれた結果、２０２２年４月30日の午後１時過ぎ、同園では22年ぶりとなる赤ちゃんが生まれました。アサヒは10歳と繁殖にはやや高齢であったためユキヒョウの初産としては国内で最高齢でした。

展示場には、野生のユキヒョウの生息地を再現した急斜面の岩場があり、ジャンプ力に優れるユキヒョウの身体能力の高さを見ることができます。おすすめの時間帯は開園直後。展示場をチェックするリヒトが動き回っています。

A ジェントルマンな性格が出ているような穏やかな表情。パートナーのアサヒを見る時はもちろん、お気に入りの飼育員さんにも、お客さんにもこんな顔で接します。 B 医療的な検査や治療を行う時のために、常日頃から信頼関係を築き、慣らしておくためのハズバンダリートレーニング。時間がかかることが多いけれど、リヒトは学習能力が高くすぐに協力的に。C 生まれて４日目の赤ちゃんとアサヒ。無事の出産に飼育員さんたちもホッとしたそう。D 年上で積極的なアサヒに押され気味だったリヒトも今では立派なお父さん。E 赤ちゃんは公募によりヒカリと名付けられました。

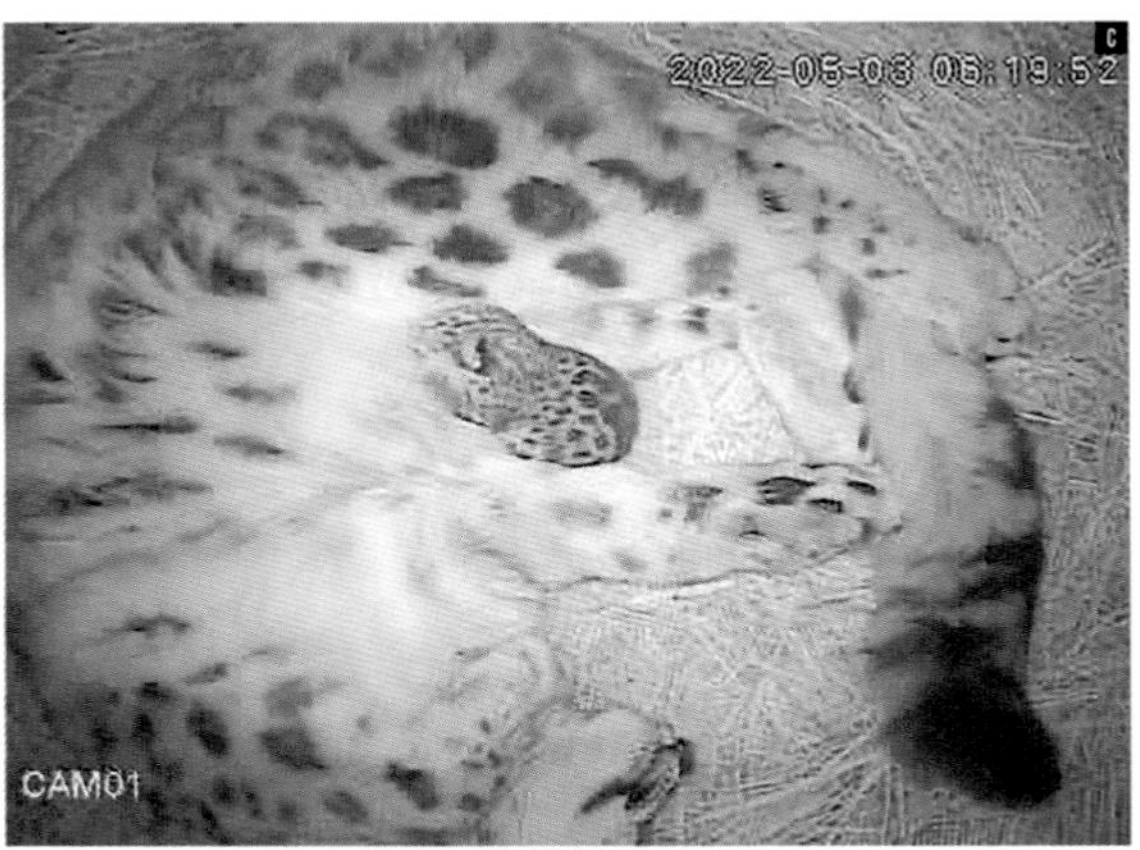

リヒト DATA

性格｜優しいジェントルマン
特技｜ハズバンダリートレーニング
好物｜肉。特にレバー

写真提供（p20-23）：秋田市大森山動物園

テナガザルの仲間では最大。観察するのは難しいですが、後ろ足の人差し指と中指が皮膚でつながっているのが特徴です。

A パパイヤ（右）は活発で好みの女性飼育員さんの手を優しく握ってきます。ワタルはおっとり優しいですが、食事以外は飼育員さんに近づきません。B 2021年11月24日に生まれたパパイヤとワタルの子ども天はおしりを触られるのが大好き。飼育員さんに近づき、おしりを突き出してきます。C 名前の由来であるのど袋は、頭と同じくらいの大きさにふくらみます。

家族の絆あふれる
天空の楽猿（らくえん）は見どころ満点

パパイヤ＆ワタル

フクロテナガザル

哺乳綱霊長目テナガザル科
パパイヤ▶2010月8月14日／♂
ワタル▶2012年1月24日／♀

同園にはパパイヤとワタル夫婦、そして2頭の子どもの天が暮らしています。「天空の楽猿（らくえん）」と名付けられた天井が高い展示場では、活発に動き回る姿や、縄張りの主張、夫婦の絆を深めるためにのど袋を大きく膨らまして行う夫婦での鳴き交わしなど、様々な生態を観察できます。

3頭とも展示場にあるうんていやロープを使用して行う腕わたり（ブラキエーション）が得意。ゆうゆうと渡る姿がカッコいいと評判です。

木登り大好き

ひなた

シセンレッサーパンダ

哺乳綱食肉目
レッサーパンダ科
2018 年 7 月 12 日

大人しく控えめな性格。リンゴをゆっくり味わう姿はとてもかわいらしく、お客さんの心をわしづかみにしています。

おしりのハートが
トレードマーク

しなの

トナカイ

哺乳綱偶蹄目
シカ科
2021 年 5 月 21 日／♀

たくさんのことに興味津々で活発。幼さを残すしなのは数頭いるトナカイの中でも人気者です。

モズク（左）は甘いマスクと目がぱっちりした美男子。メープルはやや茶色がかったクセっ毛の女の子。

特技や好みの合う
お似合い夫婦

モズク & メープル

カナダヤマアラシ

哺乳綱げっ歯目
アメリカヤマアラシ科
もずく▶2009年4月2日／♂
メープル▶−／♀

長さ３センチほどのトゲが全身に３万本も。敵が近づくとトゲの多い背中を向けて身を守ります。国内に数頭しかいないカナダヤマアラシ。２匹のお見合いでは飼育員さんも緊張したけれど、すぐに仲良く寄り添っていました。

メスが強くて元気
団体行動が基本です

たいよう & ゆき etc.

ワオキツネザル

哺乳綱霊長目キツネザル科
たいよう▶2006年4月20日／♂
ゆき▶2008年4月30日／♀

群れで並び、太陽に向かっておなかを向けて体を温める姿が印象的なワオキツネザル。代謝が低く、体温調節がむずかしいため、気温が低く晴れた日は必ずひなたぼっこをしています。日光浴中の半目はチャームポイントのひとつ。

野生でも群れを作って行動するワオキツネザルですが、明確な順位が存在します。群れにはオスのボスがいますが、サルの中では珍しくオスよりもメスが優位。子育てや食事はメスがリードします。

ワ

オキツネザルのオスは子育てには参加しないといわれています。でも最年長のたいようは、自分の子どもでもない最年少のこさめをおぶったり、じゃれついてくる子どもたちの相手をしたり。微笑ましい様子を見せてくれます。

屋外展示場に出てエサを探す姿や、日光浴をしたりする姿を見たいなら開園からの来園がおすすめ。個体差が少なく見分けがつきにくいといわれますが、顔や体にはちゃんとそれぞれに特徴があるので、推しの子をぜひ見つけてみて。

A やわらかくて、しっとりした手でしっかりごはんをにぎって家族仲良く食べています。B ゆきはベテランママ。たいようとの間に何匹もの子どもを生んで育てています。移動する時、小さな子は背中に腹におぶっています。C 樹上でも活動するため、昼間は活発に金網や渡木を渡っています。高いところにいると、特徴的なしましまの長いしっぽがよく見えます。D ワオキツネザルといえばこのスタイル。日光浴をしているうちにだんだん半目になっていく様子にはつい笑ってしまいます。

サルの仲間では、比較的地上にいることが多く、ぬれるのは好きではありません。何かを見る時、よくびっくりしたような顔になっています。

たいよう&ゆき etc. DATA

性格	たいようはおっとりして優しい
特技	日光浴
好物	若葉

写真提供（p24-27）：八木山動物公園フジサキの杜

陸上動物の最大種
国内最高齢に会いに来て

メアリー & 花子

アフリカゾウ

哺乳綱長鼻目ゾウ科
メアリー▶1966 年／♀
花子▶1989 年／♀

柔軟で力強く長い鼻を器用に動かし、エサを採ったりコミュニケーションしたり。ダニや寄生虫の予防に欠かせない泥浴びにも鼻を使います。

長い鼻は嗅覚が鋭く、メアリーは食べたことのない食べ物に慎重。においを嗅ぐだけで食べないものも多いとか。その分、花子がなんでもちゅうちょなくペロリ。20 種類以上の言葉を理解できるほど頭もいい動物です。

迫力の体格でもお茶目さん

カイ & ポーラ

ホッキョクグマ

哺乳綱食肉目クマ科
カイ▶2004 年 12 月 2 日／♂
ポーラ▶2004 年 12 月 5 日／♀

泳ぐのが得意で潜水もお手のもの。ツルツルの氷の上でもしっかり歩けます。立派な体格と落ち着きは北極の王者そのもの。

好奇心旺盛でおもちゃや雪の上で遊ぶ姿が愛らしいカイとポーラ。お気に入りのおもちゃやおやつを持つ飼育員さんを見かけると、素早い動きで近づいてきて、そのままプールにダイブするなどコミカルな姿を見せます。

夏はシュッ 冬はもふっ

育三郎 & みつき & etc.

ホンドタヌキ

哺乳綱食肉目イヌ科

育三郎▶ 2021年7月3日／♂

みつき▶ 2021年7月3日／♀

夏と冬の姿がだいぶ違います。モコモコ冬毛のおかげで寒さには比較的強く、雪の中でも元気にエサを探します。

臆病な性格で、野生育ちで保護された正吉（上の左）やおキヨ（上の中央）は飼育員さんを見ると隠れたり、逃げたりします。でもごはんの時だけは食欲に負け、警戒しつつモリモリ食べています。左下の写真のうち、今いるのはみつき（左から２匹め）と育三郎（右端）。

太陽にかがやく金の頭毛

福井

ニホンイヌワシ

鳥綱タカ目 タカ科

1999年5月14日／♀

山岳地帯に生息し、大きなクチバシと足のかぎ爪が特徴的。エサやりの時間には飛び跳ねておねだりします。

小さな体で力持ち

陽向

対州馬

哺乳綱奇蹄目ウマ科

2016年6月20日／♂

体高は低いものの、脚力の強さが自慢。競走馬のように、オス同士が示し合わせてフェンス沿いを走ることも。

column

動物の福祉を掲げた　新しい条例の誕生

札幌市動物園条例

2022年4月6日、動物園の運営における動物福祉に関わる条例が、札幌市で制定されました。条例として明文化されることは国内初という動物たちへの配慮はどのようなものでしょうか。

動物福祉への関心の高まりや、動物園での動物同士の事故を受けて、札幌市では2019年から動物園条例の制定に向けた検討を始めていました。そして、市営、民営に関わらず、動物園（条例では水族館、昆虫館などを含む）が果たすべき社会的役割や運営目的等を明らかにし、その活動を推進するために施行されたことが、札幌市のウェブサイトに掲げられています。

動物園における動物福祉とは、動物が苦痛や不安を感じることなく、それぞれの動物本来の行動がとれるようにすること。それにより生物多様性を尊重し、保全に貢献することなどとされます。

人間から見てどう思うかではなく、動物がその動物らしくいられること。動物園条例では原則的に、動物に服や装飾品のようなものを着けさせたり、野生動物と人間が必要なく触れ合ったりすること、動物をむやみに擬人化することなどは動物福祉に適さないとされます。

また、たとえば1頭で展示されている動物を見ると「さびしそうでかわいそう」と思われることがあるかもしれませんが、その動物が単独行動をする動物であれば、それが自然な姿といえます。

もちろん飼育下であれば、野生とは違っても必要なこともあります。医療行為や、それらをスムーズにするためのトレーニングなど、適切に行うべきことも発生します。条例には、それらの判断が適切に行えるよう、専門的な知識や経験をもつスタッフの確保や、医療体制の整備なども盛り込まれています。

動物園や水族館を、来訪者にとって動物を見たり触れ合ったりして楽しむ場だけでなく、野生動物に関心をもち、生物の多様性や、それぞれの生きものの本来の

生態を理解する、環境保全を考えるといったことの入り口とする。

そのための取り組みは、多くの園館で配慮され、行われていることです。都道府県ごとの協会などもあり、ネットワークを活用して動物の保護や研究を進めています。

その中で札幌市の条例制定は、動物福祉の意識や動物園のあり方について、さらにはっきりと文書で理念や軸を据えたものといえるでしょう。

※写真は野生動物の姿。すべてイメージです。

飼育下の動物を守る取り組み

アニマルウェルフェア

欧米では特に家畜の飼育管理についての関心が高く「アニマルウェルフェア（畜産福祉）」という言葉も広まってきています。日本でもアニマルウェルフェアを意識して運営する牧場や、食品加工会社などが少しずつ増え、2016年には認証制度もスタートしました。

JAZA

公益社団法人日本動物園水族館協会（JAZA）は、国内140以上の動物園や水族館が集う組織。貴重な自然や動物を保護するために国際的な連携を図ったり、一つひとつの園や館ではできない取り組みを協力して行ったりという、様々な活動を続けています。

Category

02

KANTO

関東

05 東京都多摩動物公園

P048

1958年にオープンした、日本屈指の敷地面積を誇る動物園。「アジア園」「アフリカ園」「オーストラリア園」「昆虫園」があり、約300 種の生きものがいます。「ライオンバス」が人気。希少種の保全にも力を入れています。

住所●東京都日野市程久保7-1-1　**電話**●042-591-1611　**開園**●9:30～17:00(入園は閉園1時間前まで)　**休み**●水(祝・振替休日の場合は翌日)　**料金**●小人無料～200円、大人600円ほか　**駅**●京王動物園線・多摩モノレール多摩動物公園駅から徒歩1分　**HP**●https://www.tokyo-zoo.net/zoo/tama

06 よこはま動物園ズーラシア

P052

国内最大級の敷地面積を誇る同園は8つの気候帯にゾーン分けされており、世界中の動物たちを見学できます。「アフリカの熱帯雨林」ではオカピ、「中央アジアの高地」ではテングザルなど珍しい生きものもたくさん。

住所●神奈川県横浜市旭区上白根町1175-1　**電話**●045-959-1000　**開園**●9:30～16:30(入園は閉園30分前まで)　**休み**●火(祝日の場合は翌日)　**料金**●小人無料～300円、大人300～800円ほか　**駅**●相鉄本線鶴ヶ峰駅・三ツ境駅、JR横浜線・横浜市営地下鉄中山駅から相鉄バス、よこはま動物園バス停下車すぐ　**HP**●http://www.hama-midorinokyokai.or.jp/zoo/zoorasia

07 野毛山動物園

P058

横浜の街と海を一望できる公園内で、約80種1800点の生きものに無料で会えます。希少動物の保全調査や研究にも力を入れていて、カグーやヘサキリクガメといった珍しい生きものたちもイキイキとした姿を見せてくれます。

住所●神奈川県横浜市西区老松町63-10　**電話**●045-231-1307　**開園**●9:30～16:30(入園は閉園30分前まで)　**休み**●月(祝日の場合は翌日、5・10月を除く)　**料金**●無料　**駅**●JR京浜東北線・横浜市営地下鉄桜木町駅から徒歩15分　**HP**●https://www.hama-midorinokyokai.or.jp/zoo/nogeyama

08 横浜市立金沢動物園

P062

コアラやゾウなど世界の希少草食動物を中心に飼育展示。身近な生き物の保全や情報発信に力を入れている「身近ないきもの館」も人気。高台の金沢自然公園内に位置し、東京湾も一望できます。

住所●神奈川県横浜市金沢区釜利谷東5-15-1　**電話**●045-783-9100　**開園**●9:30～16:30(入園は閉園30分前まで)　**休み**●月(祝日の場合は翌日、5・10月を除く)　**料金**●小人無料～300円、大人300～500円ほか　**駅**●京浜本線金沢文庫駅から京急バス、夏山坂上バス停下車徒歩6分　**HP**●https://www.hama-midorinokyokai.or.jp/zoo/kanazawa

TOKYOTOONSHI
UENODOBUTSUEN

YOKOHAMADOBUTSUEN
ZURASHIA

NOGEYAMADOBUTSUEN

東京都多摩動物公園
TOKYOTOTAMADOBUTSUKOEN

YOKOHAMA
KANAZAWA・PARK

YOKOHAMASHI
KANAZAWADOBUTSUEN

ZOO DATA

01 那須どうぶつ王国

P032

広い園内は屋内施設中心の「王国タウン」と、牧場形態の「王国ファーム」の2エリアで構成されます。王国タウンでは今、話題のマヌルネコやスナネコなど、王国ファームでは鳥たちが自由に飛び交うバードパフォーマンスBROADが人気。

住所●栃木県那須郡那須町大島1042-1　**電話**●0287-77-1110　**開園**●10:00～16:30、土・日・祝／9:00～17:00（入園は閉園30分前まで）　**休み**●水（祝日・春休み・夏休み・GWの場合は開園）　**料金**●小人無料～2600円、大人2600円ほか　**駅**●JR東北新幹線・宇都宮線那須塩原駅からタクシー40分　**HP**●https://www.nasu-oukoku.com

02 日立市かみね動物園

P036

1957年、太平洋を望む神峰公園内にオープン。自然の森に近い環境の中、野生と同じように集団生活するチンパンジーの展示場「チンパンジーの森」は必見。園内に入ってまず出会えるアジアゾウは同園の顔です。

住所●茨城県日立市宮田町5-2-22　**電話**●0294-22-5586　**開園**●3～10月／9:00～17:00、11～2月／～16:15（入園は閉園45分前まで）　**休み**●無休　**料金**●小人無料～100円、大人520円ほか　**駅**●JR常磐線日立駅から茨城交通バス、神峰公園口バス停下車徒歩3分　**HP**●https://www.city.hitachi.lg.jp/zoo

03 東武動物公園

P040

動物園や遊園地、植物エリアがある複合レジャー施設。動物園には約120種1200頭の動物が暮らします。動物たちのショーやガイドも充実し、「リスザルの楽園」で見られる珍しい"カピバラタクシー"も話題です。

住所●埼玉県南埼玉郡宮代町須賀110　**電話**●0480-93-1200　**開園**●9:30～17:30（曜日により変動、入園は閉園1時間前まで）　**休み**●6月の水、元日、1月の火・水、2月の火～木　**料金**●小人無料～1600円、大人1900円ほか　**駅**●東武鉄道東武日光線・東武伊勢崎線東武動物公園駅から茨城急行バス、東武動物公園東ゲート前バス停下車すぐ　**HP**●https://www.tobuzoo.com

04 東京都恩賜上野動物園

P044

1882年、日本で初めて開園した動物園。約300種以上（2022年6月30日現在）の生きものを飼育展示し、人気はジャイアントパンダ。2022年6月には双子のシャオシャオ&レイレイが誕生しました（見学方法は公式HPを参照）。

住所●東京都台東区上野公園9-83　**電話**●03-3828-5171　**開園**●9:30～17:00（入園は閉園1時間前まで）　**休み**●月（祝日の場合は開園）　**料金**●小人無料～200円、大人600円ほか　**駅**●JR各線上野駅から徒歩5分　**HP**●https://www.tokyo-zoo.net/zoo/ueno

世界最古のネコはもこもこの癒し系

ボル&レフ&ポリー

マヌルネコ

哺乳綱食肉目ネコ科
ボル▶ 2014年4月18日／♂
レフ▶ 2014年5月15日／♂
ポリー▶ 2015年5月15日／♀

シベリアやチベットなど寒い山中に暮らすマヌルネコは、約600万年前から存在する世界最古のネコといわれています。マヌルはモンゴル語で「小さいヤマネコ」という意味。それでもがっしりしたイエネコといった体格です。もふもふの毛におおわれ､頭が大きめで足が短いので「タヌキみたい」といわれることも。

ファンにはおなじみのボルとポリーに加え、新たにオスのレフが仲間入り。日により展示個体は異なるので、誰に会えるかはお楽しみに。

岩陰にひそんでいることの多いマヌルネコですが、那須どうぶつ王国のマヌルネコは表情豊か。切り株に座ってお客さんを見ていたり、歩きまわったり。ポリーはガラス面に近づいてくることも多く、ガラスを前足でカリカリ引っかく仕草を見せることがあります。
俊敏に走ったかと思えば、丸太の上をカクカクした動きでわたってみたり。岩場に砂地や滝や池、針葉樹の植栽などを配置した生息地に近い環境で、特徴的な姿を見せてくれます。

コアなファンが多いマヌルネコ。ボルとポリーは同園発信で歌にもなっています。笑えてマヌルネコの環境も学べる楽曲は、ユーチューブ「マヌルネコのうた」で検索。

A 2022年に仲間入りしたレフ。目が大きく、丸っこいフォルムが特徴的。同園で初めての雪にはしゃぐ様子が見られました。冬毛の季節は特にモフモフです。B 極寒の清涼な土地で暮らすため感染症に弱い生きものです。飼育員さんは清潔な環境を保つために気を使いますが、マヌルたちもきれい好き。C 目力の強いボル。止まって動いて一点をじっと見て、を繰り返す仕草はネコ科の生きものらしい。D 正面から見ると顔つきの違いがよくわかります。時たま寄ってくる仕草にお客さんは大喜び。運が良ければお客さん側のガラス面の穴から、トングで肉をあげるシーンを見ることができます。

ボル&ポリー DATA

性格｜ボルは落ち着いている
特技｜カクカク歩き
好物｜生肉

写真提供（p33）：那須どうぶつ王国
撮影（p32-35）：土肥祐治

ふさふさとした白い耳毛がよく目立ちます。小さな体で樹上を素早く動き回る姿は、サルというよりリスのよう。

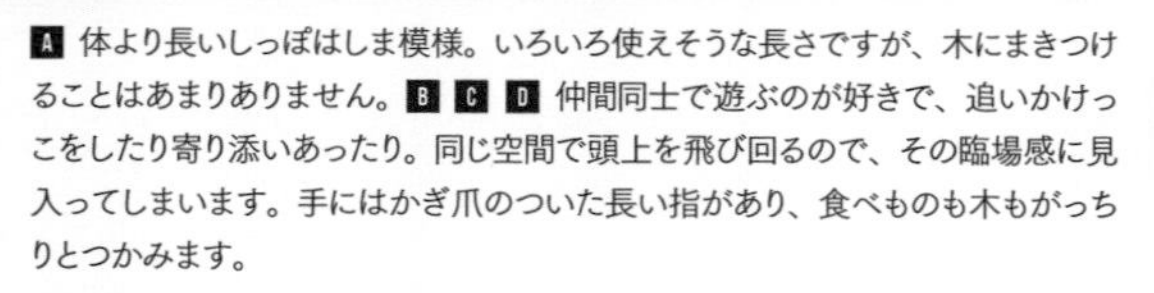

A 体より長いしっぽはしま模様。いろいろ使えそうな長さですが、木にまきつけることはあまりありません。B C D 仲間同士で遊ぶのが好きで、追いかけっこをしたり寄り添いあったり。同じ空間で頭上を飛び回るので、その臨場感に見入ってしまいます。手にはかぎ爪のついた長い指があり、食べものも木もがっちりとつかみます。

手乗りサイズに愛情たっぷり

コモンマーモセット

哺乳綱霊長目オマキザル科

コモンマーモセットはブラジルに生息する小さなサルです。樹液や昆虫、果物などが主食です。顔つきは大人っぽいのに頭のてっぺんから尾の付け根まで20㎝くらい、体重約300gの小ささ。体より長い尾でバランスをとり、樹々の間を素早くかけ回ります。

群れの中で赤ちゃんを抱いているのはお父さん。愛情深くチームワークのいい子育てぶりは夫婦だけではありません。小さな子は群れのみんなで見守り、かわいがります。

隣の山から飛来する
超迫力パフォーマンス

ウィンティ etc.

ハクトウワシ

鳥綱タカ目タカ科
2009年4月／♂

翼を広げると2mを超える空の王者ハクトウワシ。頭上に来ると思わず首をすくめる迫力です。

園内バスで移動するステージで待つと、トレーナーさんの合図に合わせて飛んでくる鳥たち。目をこらしてもどこにいるかわからないくらいの距離を一直線に飛んで来て、お客さんの頭上スレスレをかすめトレーナーさんの指示に従います。

長い耳も特徴的

セイ

アカカワイノシシ

哺乳綱偶蹄目
イノシシ科
2017年2月18日／♂

カラーリングが特徴的な世界一美しいイノシシは、国内に数頭しかいない希少な生きもの。ウェットランドを進むと出迎えてくれます。

最小級の砂漠の天使

ジャミール etc.

スナネコ

哺乳綱食肉目
ネコ科
ー／♀

アフリカやアジアの砂漠地帯に住み、世界最小級＆美形なネコとして知られています。砂の熱から肉球を守る足裏の毛、大きな耳が特徴的。

人を見て甘えるような表情になることも。右目の上にハート型の模様があるので探してみて。
きれいなシマ模様の中、おなかまでスッと伸びている２本のシマが、さわの特徴です。

トラよりも人が好き？
新しいもの大好き

さわ

ベンガルトラ

哺乳綱食肉目ネコ科
2009 年 7 月 13 日／♀

さわは地元の小学生たちが校内募金をして同園に寄贈したトラです。2010年、1歳の時に秋吉台サファリランドからやってきました。人工哺育で育てられたため人にはなついていましたが、来園当初はほかのトラにおびえ、人がそばを通るとトラとは思えないかわいらしい声で鳴いて甘えていたそうです。

そんなことがなかったように堂々としている今のさわ。人が好きなのは相変わらずですが、新しいものにも興味津々の好奇心の強さを見せています。

写真提供（p36-39）：日立市かみね動物園

ネコ科の動物は狩りのためのエネルギーをムダにしないため、日中は寝ていることが多いです。そんな中、さわはお客さんとアイコンタクトを交わしたり、鳴き声やしっぽで反応したりするので、声をかけるファンがたくさんいます。

同園では展示場に肉を入れた段ボールを置くなど、遊ぶ姿を見てもらう工夫をしています。放飼場に吊るした好物の肉に飛び掛かって豪快に食べる、イキイキとした姿をぜひ見てみてください。

A 肉の入った竹筒に興味津々。見慣れないものを見つけると大胆に近寄っていきます。B おなか側を見せるのは警戒心のない証拠。C 人の反応を見ながら動いたり隠れるような様子を見せたり。人への好意を表現してお客さんを喜ばせています。

さわ DATA

性格｜人が好きな甘えん坊
特技｜人とのコミュニケーション
好物｜肉

生後10日頃。頭にごま塩のような斑点があり、耳先と背筋にも黒い毛が生えています。

A 東日本大震災の5日後に生まれたきぼう。みんなの希望の光としてスクスクと成長しました。B 仲間とのスリスリはネコ科の動物によく見られる仕草。気持ちや情報を伝え合います。C 肉を吊るせる猛獣舎。獣害のために駆除された野生動物に最低限の処理をした肉（屠体）もエサになります。皮などもついたままの屠体給餌は野生の食事に近く、また命をムダにしない取り組みとしても広がっています。

立派なたてがみがカッコいい
なわばりを守る頑張り屋

きぼう

ライオン

哺乳綱食肉目ネコ科
2011年3月16日／♂

毎年行われるお誕生会には、たくさんのお客さんを集める人気者。お母さんや妹たちとのスキンシップが激しめの、穏やかな性格です。ただし、なわばり意識はしっかりもっていて、人間が自分のテリトリーに入ってくると威嚇してきます。

飼育員さんが寝室の掃除をしていると、時々柵越しに尿を飛ばしてくることもあります。これはいじわるや攻撃ではなく、ネコ科のオスに見られるマーキング。飼育員さんは苦笑するしかありません。

みんなでいっせいに
首をふりふり

チリーフラミンゴ

鳥綱フラミンゴ目フラミンゴ科

見事なバランスの1本立ち。ヒナは灰色や白で、フラミンゴミルクという赤い液体を親が与えることで美しい羽色になります。

美しい色の羽と細く長い足をもつ大型の鳥。水辺に暮らし、昆虫や小魚などを食べます。臆病な性格ですが、エサの時間にはジリジリと間を詰めてくるのだとか。水に沈むオキアミをエサにしているため、水に頭を突っ込んで食べる様子が観察できます。繁殖期には揃って首を振る様子が観察できます。

大きな口のベジタリアン

ちゃぽん

カバ

哺乳綱偶蹄目カバ科
1991年12月18日／♀

前右足に白い靴下をはいているみたい。どっしり落ち着いて見えますが、性格はちょっと神経質で臆病です。

プールの中で過ごすことも多いちゃぽん。体に緑色の苔がついている時があります。カバの池の水はきれいすぎてもよくないので、少し汚れたくらいで管理されています。エサの時間、大きな口を開けるのどかなおねだり姿は名物。

白いふわふわ毛の子ども時代には、顔にまゆ毛のような模様があります。まだまるっこい顔に大きな鼻がキュート。
白い毛は生後2週間ほどで生え変わります。純白の赤ちゃん姿は一般公開前のことなので、ちょっと残念なような……。

モデル顔負け
完璧なポージング

もちもち

ゴマフアザラシ

哺乳綱食肉目アザラシ科
2022年3月5日／♀

初めて見るものに対しての好奇心は人一倍で、ひとまずつついたり、噛んでみたりとこわがらずに立ち向かう、もちもち。お父さんのあらしがちょっかいを出すと、前足を動かして威嚇(いかく)する度胸を見せることも。

そんなもちもちですが、休憩中にカメラを向けるといろんなポーズをしてくれる様子に天性のあざとさを秘めているという噂も。人見知りをせず、かしこくてかわいいまさに魔性のゴマフアザラシかも。

同園では約20年以上ぶりの繁殖で無事に生まれたもちもち。離乳や魚を食べられるか、トレーニングを通してプールデビューができるかなどの様々な課題をすんなりクリア。予定より早くなんでもできてしまう姿に飼育員さんたちは「天才なのか？」と思ったそう。

新しいおもちゃを見つけると、水中でヘソ天になりいつまでも遊んでいます。ホースで水を使うと遠くにいてもすぐにやってきて、排水溝に流れる水もあきずに眺めているのだとか。

A お客さんから「アザラシって、もちもちしている」の声が多いために決まった名前だけれど、もちもちは「おまんじゅうみたい」と言われていました。 B お父さんのあらし（写真）も、お母さんのポプラももちもちが初めての子です。C お母さんのポプラは芸達者。ショーではあらしと一緒に活躍します。D 一家の食事はイワシやサンマ、アジ。なんでもよく食べるあらしは元気いっぱいの大黒柱です。

ふっくら体型のポプラ。初めての出産でも、生まれた我が子にしっかり寄り添ってお乳をあげて、飼育員さんをホッとさせました。

もちもち DATA

性格｜やんちゃでものおじしない
特技｜なんでもソツなくこなす
好物｜－

写真提供（p40-43）：東武動物公園

名前を呼ばれるのが
大好き

エマ

シロサイ

哺乳綱奇蹄目
サイ科
2015年12月18日／♀

飼育員さんと、ぬかるんだ場所が好きなエマ。泥遊びする光景がよく見られます。細長く伸びたツノはメスによく見られる特徴。

イベントでも大活躍

ロッキー

ホワイトタイガー

哺乳綱食肉目
ネコ科
2007年11月9日／♂

同園で一番大きいロッキーは木登りと人が好き。近づくと柵に顔をこすりつけるので、ちょっとだけ顔が茶色いのです。

澄ました顔も素敵ですが、変顔も人気。飼育員さんが近くに来ると首をもたげて寄っていきます。

ちょっぴりヤキモチ焼き
変顔も得意です

コト

マレーバク

哺乳綱奇蹄目
バク科
2018年3月17日／♀

一緒に暮らしている母親のシンディーが子育てにとまどったため、人工哺育されたコト。とても甘えん坊のかまってちゃんに育ち、飼育員さんが他のバクの近くにいるとヤキモチを焼いてしまいます。ブラッシングも大好きでうっとりした表情に。

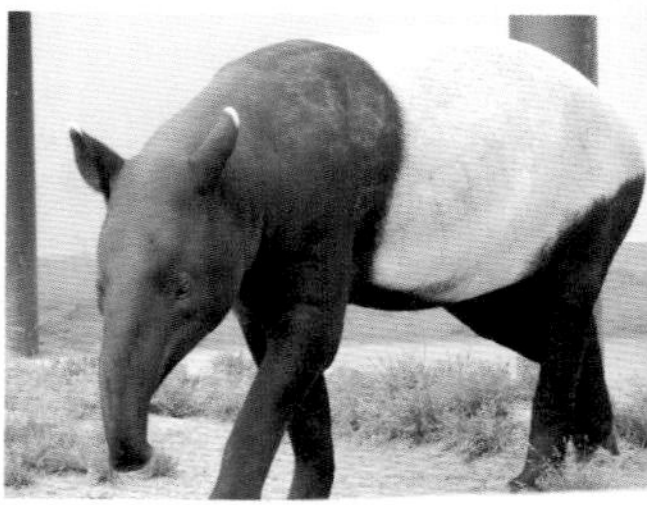

ハンバーグみたいな
しっぽにも注目

モカ & あんず

アメリカビーバー

哺乳綱げっ歯目ビーバー科
モカ▶ 2018 年 6 月 12 日／♂
あんず▶ 2020 年 5 月 13 日／♀

前足でものをつかんでいる時は、後ろ足だけでヨチヨチ歩き。その仕草がお客さんをとりこにしています。

展示場のガラスに向かってドラム演奏をするように水をバシャバシャするビーバードラムが名物。枝運びやごはんを食べる時は、小さな前足で上手につかみます。とても人なつこく飼育員さんの膝に乗ってくることも。

おしりフリフリで行進

—

コールダック

鳥綱カモ目カモ科
—

真っ白な体でおしりをフリフリしながらお客さんの前でも気にせず通行。池の水替えをすると喜んで飛び込み泳ぎだすイキイキとした姿が魅力的。

好奇心旺盛なびびりっこ

まんぷく

カバ

哺乳綱偶蹄目カバ科
2021 年 4 月 23 日／♂

2022 年 3 月に仲間入りしたまんぷく。最初から落ち着いた様子で食欲もばっちり。好物はサツマイモやスイカです。ぱっちりした目に、まだどことなく幼さの残る顔立ちで、お客さんのハートをつかんでいます。

見かけはだいぶ大人に近くなってきました。主食の竹の葉もしっかり食べるレイレイです。

個性もそれぞれ
元気いっぱいに成長

シンシン&シャオシャオ&レイレイ

ジャイアントパンダ

哺乳綱食肉目クマ科
シンシン▶2005年7月3日／♀
シャオシャオ▶2021年6月23日／♂
レイレイ▶2021年6月23日／♀

ひと目会いたいというお客さんが列をつくるパンダ舎。シャオシャオとレイレイの誕生で人気がひときわ盛り上がっています。

今ではだいぶ大きくなって、大人と同じように竹も食べるようになったものの、生後1年半をすぎても時折お母さんのシンシンにじゃれ、おっぱいをほしがることがあった子どもたち。シンシンは優しく世話や授乳をしてあげていましたが、生後2年を前に、少しずつ親子が離れて暮らすトレーニングが始まりました。

A

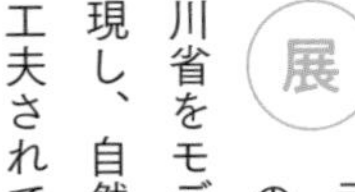

展示室はジャイアントパンダのふるさとである中国の四川省をモデルに、木や岩、水場を再現し、自然な行動を引き出せるよう工夫されています。暑さに弱いため、室内は空調完備です。

子パンダは木登りが得意なので、様々な木に登って遊んでいます。互いにじゃれあい、まだまだやんちゃをしながら大きくなっていく双子たち。喜怒哀楽のはっきりしたシャオシャオと、要領が良くマイペースなレイレイ。だんだん個性もはっきりしてきました。

丸い頭とふっくらボディ、そしてツートンカラーが唯一無二。しっかりした手足には鋭い爪があります。

A 生後約２か月。こんなに小さくてもツートンカラーははっきりしています。よく見ると微妙に黒の範囲が違ったりすることも。奥がシャオシャオ、手前がレイレイです。B おなかの毛がモコモコのシャオシャオ。食事をする姿も一人前風ですが、まだお母さんのおっぱいも飲んでいた頃。C 家族揃って食事タイム。食べっぷりのいいシャオシャオ（中央）とマイペース気味のレイレイ（右）。D シャオシャオがしゃれてきてもサッとかわすのがうまいレイレイはお姉さん気質かも。

写真提供（p44-47）：
（公財）東京動物園協会

大きな目と耳、細く長い指、立派なしっぽ。この姿、サルっぽくないといわれます。

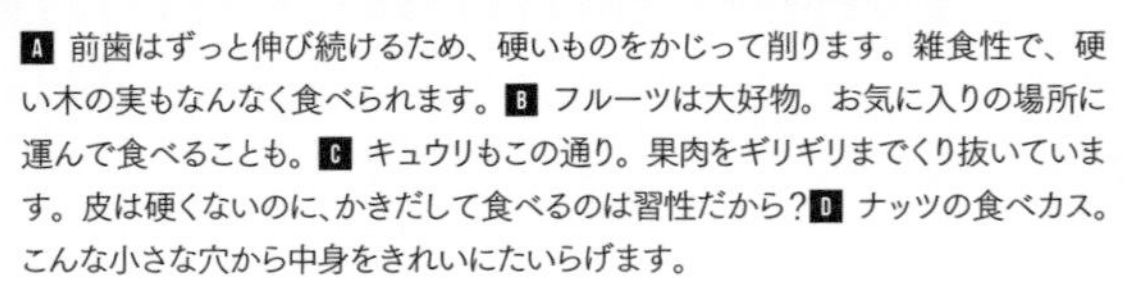
A 前歯はずっと伸び続けるため、硬いものをかじって削ります。雑食性で、硬い木の実もなんなく食べられます。B フルーツは大好物。お気に入りの場所に運んで食べることも。C キュウリもこの通り。果肉をギリギリまでくり抜いています。皮は硬くないのに、かきだして食べるのは習性だから？D ナッツの食べカス。こんな小さな穴から中身をきれいにたいらげます。

大きな目と長い指で おいしい食事、いただきます

アイアイ

哺乳綱霊長目アイアイ科

アフリカのマダガスカルに生息し、特徴的な指からユビザルとも呼ばれます。現在、日本で飼育しているのは上野動物園のみ。サルにしては珍しく夜行性なので、暗いところでもものが見えやすいよう目が大きいと考えられています。

おもしろいのは食事の仕方。指で木を細かく叩き、音の変化で幹の中にいる幼虫などを見つけ出します。木の実なら歯で木の実のカラをかじり、細く長い指で中身をきれいにかきだして食べるため不思議な食べカスが残ります。

素早く活発な動きでお客さんを驚かせるほど。走る速さもゾウらしくありません。

A 初出産にとまどい気味だったウタイも、今では落ち着いて我が子を見守るお母さん。親子が互いを思いやる愛情深さに心を打たれます。B 室内や放飼場に設置してあるブイやタイヤの遊具で遊ぶのが好きなアルン。C 見かけないものを見つけると興味津々。おもちゃにしてはしゃぐことも。

走る速さは
ゾウじゃないみたい

アルン

アジアゾウ

哺乳綱長鼻目ゾウ科

何事にも動じないお父さんと、若い母親ウタイから生まれたアルン。出産直後はウタイが子どもを受け入れず、人工哺乳も視野に入れながら、人間もゾウも頑張って授乳が成功。お乳を飲むアルンの姿を確認した時は苦労が報われたそうです。

まだまだお母さんと一緒ですが、好奇心旺盛で新しい遊具にはすぐに反応します。慎重さもあり、プールに入る時には何度も確認してからでした。暑い日の水浴びが大好きで、ホースで水をかけると転げ回って濡れています。

東京都
多摩動物公園
東京都日野市

顔つきはもちろん、体の模様も1頭1頭違います。飼育員さんによって、自分の見分け方ポイントがあるのだそう。

細く長い足で700kgもの体重を支えています。そのため足のケガには注意が必要で、飼育員さんたちはキリンが驚いて急に暴走したりするようなことがないよう気を配っています。

希少な群れでの飼育で いろいろな行動を観察

キリン

哺乳綱偶蹄目キリン科

現

在16頭のキリンがいる同園。野生のキリンは1頭のオスと数頭のメス、その子どもたちという群れの単位で行動します。同園のキリンたちも、それに近い環境で生活しています。10頭以上の群れを観察できるのは国内の動物園では珍しいことです。

多い年では4、5頭の赤ちゃんが生まれます。生まれたキリンはほかの動物園にお婿さん、お嫁さんとして出ていくということ。オス同士は親子であってもメスをめぐって争いますし、父親と娘では交配できないからです。

A B 木の葉を食べる時は長い舌にからめて口の中に入れ、奥歯ですりつぶすようにします。首をよく見るとエサが移動しているのがわかることも。C 生まれて1時間くらいで立つキリンの赤ちゃん。子育てにも個性が出て、放任主義なお母さんや、舐めすぎで赤ちゃんの毛が薄くなってしまうお母さんも。 D 高いところのものにアクセスするのは得意ですが、低いところは少し苦手。足を広げて首を倒します。E 飼育員さんのことをよく見ていて、相手によって態度を変えることも。

長い首のキリンを運搬車に乗せて安全に運ぶためには細心の注意と工夫が必要です。大きくなるとキリン専用の輸送箱に入れなくなるので、移動は遅くても2〜3歳のうちに。

基本は動物の運搬専門の運転手さんにおまかせで、1日以上かかる移動にはおやつを持たせます。北海道や沖縄への移動には飼育員さんがつきそいました。移動先で部屋に入ったという連絡、その後エサを食べたという連絡が来ると本当にホッとするそうです。

DATA

性格｜穏やか
特技｜団体行動
好物｜マメ科の葉

撮影（P48-51）：土肥祐治

スリランカから一緒
姉と弟のように仲良し

アマラ&ヴィドゥラ

アジアゾウ（スリランカゾウ）

哺乳綱長鼻目ゾウ科
アマラ▶2004年10月29日／♀
ヴィドゥラ▶2007年8月25日／♂

同じゾウの孤児院で生まれ、一緒に来園した2頭。来園時は年上のアマラが大きかったけれど、オスのヴィドゥラは今では4300kg。アマラより1tほども大きくなりました。お姉さんのように面倒を見ていたアマラですが、今ではヴィドゥラを頼るような様子も。新しいゾウ舎に引っ越しをした時は落ち着かず、放飼場にも中々出られませんでしたが、すぐに慣れたヴィドゥラと久しぶりに対面した時は、放飼場までかけ寄ってきました。

ヴィドゥラの名前はスリランカ語で「賢い」という意味。ゾウは頭のいい動物なので、信頼関係が築ければよくコミュニケーションがとれます。アマラとヴィドゥラも、爪を切ったり口の中を見たり、体調管理のためのトレーニングによく慣れています。

飼育員さんのほうも、ちょっとした視線や足の動きなどで、ゾウの注意がどこにあるかなどを見て的確に号令を出したり対応ができたりするよう、ゾウと協力しながら慣れていくそうです。

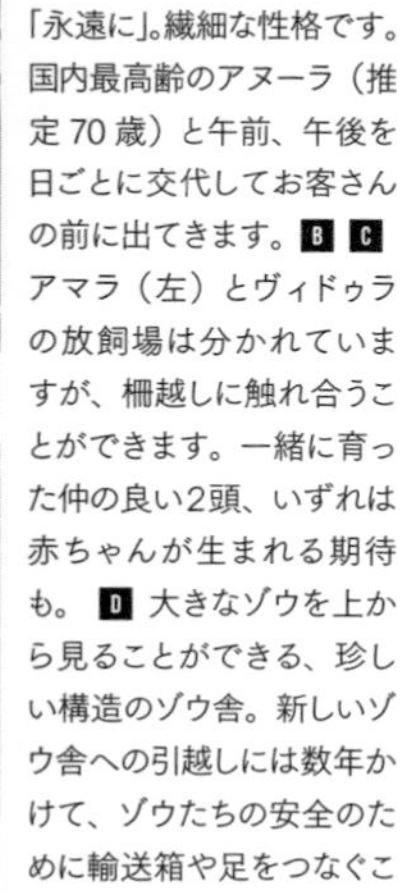

A アマラの名前の意味は「永遠に」。繊細な性格です。国内最高齢のアヌーラ（推定70歳）と午前、午後を日ごとに交代してお客さんの前に出てきます。B C アマラ（左）とヴィドゥラの放飼場は分かれていますが、柵越しに触れ合うことができます。一緒に育った仲の良い2頭、いずれは赤ちゃんが生まれる期待も。 D 大きなゾウを上から見ることができる、珍しい構造のゾウ舎。新しいゾウ舎への引越しには数年かけて、ゾウたちの安全のために輸送箱や足をつなぐことなどに慣らしていきました。

食事量の多いゾウですが、消化率は50%ほどとあまり良くありません。ふんも1回に1kgくらいの塊を4～5個ほど。それを1日10回ほどするため片付けも重労働。

アマラ＆ヴィドゥラ DATA

性格	ヴィドゥラは落ち着き＆好奇心 アマラは繊細
特技	コミュニケーション
好物	リンゴ

生まれた翌日。子どもの時だけのまだら模様は、イノシシの子ども「ウリ坊」と似ています。

まだらからツートンへ
成長を見守られて

ロコ & ひでお

マレーバク

哺乳綱奇蹄目バク科
ロコ▶2009年6月5日／♀
ひでお▶2022年1月12日／♂

雨の多い地帯の林に主に生息し、夜行性のマレーバク。白黒のツートンカラーのボディは、子どもの時ははっきりとしたまだら模様です。基本的に警戒心の強い生きものですが、同園のバクたちは体をデッキブラシでブラッシングされたり、タオルで拭かれると気持ちよくなり、横になることもしばしば。

2022年1月に生まれたひでおは、お母さんのロコが大好き。姿が見えないと不安そうに「ピー！」と鳴く寂しがり屋でした。

ひでおが生まれる1年前にお父さんのカイムが死亡しました。妊娠期間が400日と長く、残されたロコは初産。ちゃんと子育てができるか心配でしたが、出産翌日から落ち着いておっぱいをあげ、しっかりお世話ができていたそうです。カイムの命のバトンが繋がったことは感慨深かったという飼育員さん。

ちょっと向こう見ずな好奇心で展示場を走り回っていたひでおですが、大きくなった今も元気いっぱい。ただし日中はのんびり寝ていることが多いです。

A 子どもは発育途上のためやわらかな葉や新芽を好んで食べますが、大人はなんでも食べます。体色の変化だけでなく、大人になるにつれて赤ちゃんの頃は丸かった耳が長く尖っていきます。B 400kg近いロコから10kgで生まれたひでお。生後8日目の写真にも、食いしん坊でたくましい様子が表れています。C 水中で遊ぶのも好きなバクですが、子どもの頃はおっかなびっくり。D 約1年半で、凛々しい若オスに成長しました。

隣で一緒に休んでいたり、母親のロコの上に乗ったりと、のんびりする時でも元気なひでおは時たまロコに怒られていました。

ロコ&ひでお DATA

性格｜好奇心旺盛
特技｜かけっこ
好物｜リンゴ、サツマイモ、キャベツ

写真提供（p52-57）：よこはま動物園ズーラシア

大人になると仮面のような白く端正な面立ちですが、子どもの頃はくりくりの瞳がかわいい。

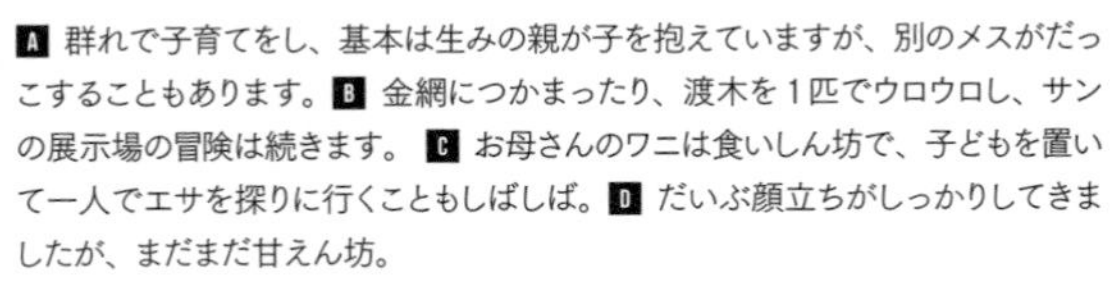

A 群れで子育てをし、基本は生みの親が子を抱えていますが、別のメスがだっこすることもあります。B 金網につかまったり、渡木を1匹でウロウロし、サンの展示場の冒険は続きます。C お母さんのワニは食いしん坊で、子どもを置いて一人でエサを探りに行くこともしばしば。D だいぶ顔立ちがしっかりしてきましたが、まだまだ甘えん坊。

顔立ちも上品な森のおしゃれ番長

ワニ&サン

アカアシドゥクラングール

哺乳綱霊長目オナガザル科

ワニ▶ 2007年1月24日／♀

サン▶ 2022年1月29日／♂

世界一美しいサルと呼ばれるアカアシドゥクラングール。鮮やかな体色は、まるで洋服を着ているよう。運が良ければ群れの仲間同士でお互いの毛繕いをするところもみられます。

子育て上手のワニは、何頭も子どもを生み、立派な大人に育て上げています。小さい頃のサンはいろんなものに興味津々。次第にお母さんから離れてウロウロすることも増え、お父さんのラーの近くで遊んだりと行動範囲を広げていきました。

オスだけにある小さなツノ。表面は仲間であるキリンと同じように皮膚で覆われています。

A 森林地帯を再現した展示場は、たくさんの木を植えるなどして環境を整えています。いろいろな角度からオカピを眺められるような工夫も。B 耳を振って上機嫌な顔を垣間見ることもできます。C 先祖はキリンと一緒で、草原に出て進化したのがキリン、森の中で約1000万年ほどほとんど姿を変えずに生きてきたのがオカピだといわれています。

後ろ姿を愛でたい 世界三大珍獣の貴婦人

—

オカピ

哺乳綱偶蹄目キリン科

アフリカの熱帯雨林に生息し、長い舌で木の葉を器用にたぐり寄せるようにして食べます。三大珍獣に数えられる希少な動物で、野生はもちろん動物園でも中々見ることができません。大きな耳で音を拾うため、静かに見学しましょう。

おしりから足にかけての白い縞模様が最大の特徴。とても目立ちますが、オカピが暮らす森の中では、その姿を木に紛れさせてくれます。模様は個体ごとに違っているので、見分ける時のポイントになります。

A 樹上で生活するウンピョウは高いところでもリラックスできます。B 見慣れない場所や物に近づく時は慎重に集中して忍び足になります。肉球に衝撃が吸収され足音も静かです。C ネコ科の動物らしく寝る時間が長め。脱力しきった寝姿が好きという声も多いとか。

雲をまとって しなやかに生きる

ウンピョウ

哺乳綱食肉目ネコ科

東

南アジアの熱帯雨林から標高2500mくらいまで、広い範囲の森林に生息し、樹上での生活が得意です。雲のような斑点があることから名づけられましたが、その美しい毛皮のために狩られ、絶滅危惧種に指定されています。

大きな肉球があるため、足音は静かで、1・5mもの高い場所に飛び上がる脚力もあります。安心できる木の上で休む時には、思いっきり脱力して足をぶらつかせていることも。国内で会えるのは同園のみです。

名前の通り背筋の２本の白線が目立ちます。前から見ると手はふわふわ。笑ったような表情にほっこりさせられます。

背中の模様と
長いしっぽに注目

モアラ

セスジキノボリカンガルー

哺乳綱双前歯目カンガルー科
2013年4月24日／♂

主に樹上で生活するセスジキノボリカンガルー。でもモアラは地上が好きで、よく何もない地面の穴をのぞいているのだとか。とてもフレンドリーな性格で、担当以外の飼育員さんからでも、気軽にごはんを受け取ります。

ごはんも人も大好きな頼れるお母さん

カルメン

キリン

哺乳綱偶蹄目キリン科
2013年12月1日／♀

ものおじしない性格で、他のキリンたちを引っ張るリーダー的存在のカルメン。イベントの時にもお客さんの手からもりもり木の葉を食べてくれます。

長いまつげが印象的。前ツノの毛がないのも特徴です。葉っぱを食べるときは、左右にすりつぶすようにあごを動かします。

野毛山動物園

神奈川県横浜市

土の中にいる昆虫などを掘り出して食べるため、鼻の穴には覆いのようなものがついています。

カンムリをかぶった
空を飛ばない鳥

ミドリン＆ムラリン

カグー

鳥綱ジャノメドリ目カグー科

ミドリン▶2016年5月24日／♂

ムラリン▶2016年7月18日／♂

国内でもとても希少なカグーの展示。生息地はニューカレドニアです。地表で暮らし飛ばないので敵に襲われやすく、野生でも数が減っています。生態にも謎が多く、どんな時間帯に活発に活動するのかといったこともはっきりしていません。

ライトグレーの体に赤い目、翼を広げると鮮やかな模様があり、頭にはカンムリまで。敵に襲われると普段は寝かせている冠羽を逆立てたり、羽を広げたり、大きな声を出したりして威嚇（かく）します。

シンプルなグレーの体色が一変したこの姿で、敵を驚かせたり、パートナーにアピールしたりします。

A 瞳とクチバシ、足の赤がスタイリングされているよう。 B 国内で展示されているのは、この2羽だけ。野生ではミミズやヤツデ、カタツムリなどを食べるため、展示場に出るとクチバシを泥だらけにして虫を探しています。 C カグーが住むのは、地表が一面落ち葉で覆われているような原生林。環境を再現するために、展示場では土に落ち葉を敷いています。2、3か月に1回は落ち葉を足して、いつでもふかふかにしているのだとか。 D 頭の冠羽を立てるのは、威嚇の他オスがメスに求愛する時など。

長い冠羽を逆立てるのは求愛行動でもあります。自分の存在を周囲にアピールする姿は満点。運がよければ2km先の林の中まで聞こえるような鳴き交わしを見ることができます。様々な鳴き声で姿の見えない相手に語りかけます。

ミドリンは特に警戒心が強く、ルーティンを変えるとエサを食べないことがあるほど神経質。ムラリンは食べもののためなら、飼育員さんの出入り口付近までかけ寄っていきます。

ミドリン&ムラリン DATA

性格	ミドリンは臆病で神経質 ムラリンは食いしん坊
特技	大きな声
好物	ミミズ

写真提供（p58-61）：野毛山動物園

のどもとの甲羅が成長とともに発達していきます。コロンとしたフォルムは愛嬌たっぷり。

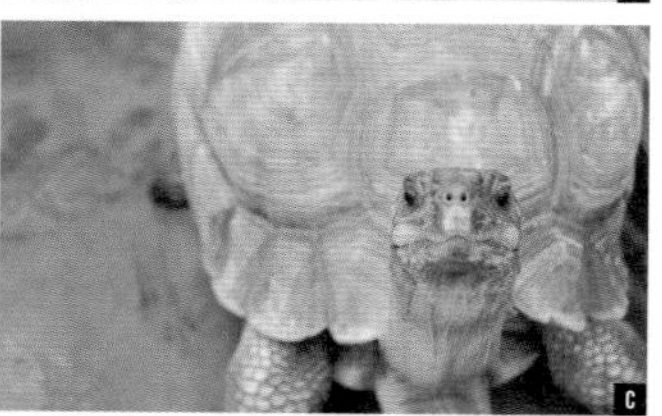

A 野菜が大好きで、エサの準備をしていると待ちきれずにみんな揃って歩き回ります。臆病な個体が多い種のため、子どもの頃から他の個体と一緒に飼育し、少しずつ他の個体からの圧に慣らすようにしています。B 幼い時は色が薄めで甲羅もあまり硬くありません。長い寿命に合わせて、ゆっくり時間をかけて、がっしりした大人になっていきます。C D 無表情なようでいて、おなかが空いたとか、そこを通りたいといった意思表示があります。

国内での展示はここだけ
兄弟仲良くご挨拶

ヘサキリクガメ

爬虫綱カメ目リクガメ科

マダガスカル島の一部に100~400頭が生息するのみと、絶滅が危ぶまれるリクガメです。野毛山動物園では繁殖に力を入れ、2021年には5頭が誕生。大人になるのに20年近くかかるため、エサのやりすぎに注意し、ゆっくり大きくなるよう配慮も。温度や湿度にも影響を受けやすいので、管理に気をつかって大事に飼育しています。

お昼のエサやり前が、エサを探して水槽内を歩き回る見学におすすめの時間帯です。

大きな音は苦手だけど
人のことはこわくない

オハナ

オグロワラビー

哺乳綱双前歯目カンガルー科
2021 年 9 月 12 日（母親の袋から出て地面に着地した日）／♀

名前のとおりしっぽと手足が黒っぽい。個体によって耳の形や筋肉のつき方が違うのでじっくり観察してみて。

臆病で警戒心が強いといわれるワラビーですが、野毛山動物園のオグロワラビーたちは温厚な性格の個体が多く、飼育員さんに寄ってきます。生息地が沼地のため、夏には手足を水につけて体温を下げ、冬にはヒーターの下でくつろいでいます。

暑いのは苦手　雪がふったらスイッチオン

イチゴ

レッサーパンダ

哺乳綱食肉目レッサーパンダ科
2012 年 7 月 28 日／♀

おすまし顔からぺろっとピンクの舌がはみ出す瞬間がかわいらしいのでチャンスを狙ってみましょう。

好奇心が旺盛で活発なレッサーパンダ。イチゴはお客さんのほうに寄ってきてくれるので、近くで眺めることができます。平日、毎日開催の動物たちのお食事タイムなどに、おやつのリンゴをあげると喜んで食べます。

子どもの頃に保護されて はるばる日本で暮らす

ボン & ヨーコ

インドゾウ

哺乳綱長鼻目ゾウ科

ボン▶ 1976年／♂

ヨーコ▶ 1978年／♀

横浜市とインドのムンバイ市との姉妹都市提携20周年を記念して、インドから来園した2頭。お昼前頃には健康管理のトレーニングや食事をするシーンが見られるかも。

野生のゾウは1日の大半をエサを探したり食べたりすることに費やしています。動物園では時間をもてあましてしまうためエサを隠したり、食べるのに時間がかかる竹や木の枝を与えたり、小さな穴のあいた給餌器を使用して、ゾウが工夫して食べられるようにしています。

同園のインドゾウ担当は、安全のため経験年数によりできる作業が決まっているそう。ヨーコは新人が近づくと動きをゆっくりにし、ブンブン振っていたしっぽを静かにしてくれる優しさをもっています。また、ゾウの足にかかる負担を軽減するため、展示場の地面を砂地にして、寝室の床にはおが粉を敷きました。砂地では鼻で砂をつかんで体にかけたり、寝転んで砂を体にまぶしたり。野生のゾウが皮膚の保護のためにする行動も観察できるようになりました。

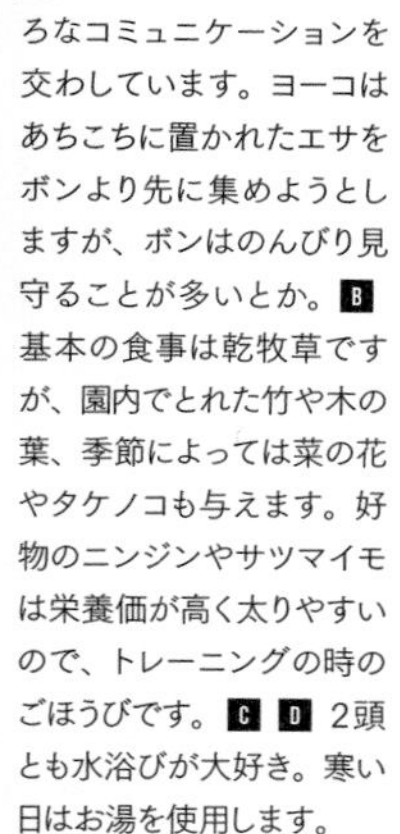

A 頭のいいゾウはいろいろなコミュニケーションを交わしています。ヨーコはあちこちに置かれたエサをボンより先に集めようとしますが、ボンはのんびり見守ることが多いとか。B 基本の食事は乾牧草ですが、園内でとれた竹や木の葉、季節によっては菜の花やタケノコも与えます。好物のニンジンやサツマイモは栄養価が高く太りやすいので、トレーニングの時のごほうびです。C D 2頭とも水浴びが大好き。寒い日はお湯を使用します。

立派な牙が印象的。ボンの牙は約 3m。日本で一番長いのではといわれています。

ボン&ヨーコ DATA

性格｜ボンは小さなことには動じない
ヨーコは穏やかだけど頑固なところも

好物｜サツマイモ

撮影（p62-65）：阪田真一

シオの見分け方は、額のM字の毛並みと、外側を向いた左後ろ足の小指。よくチェックしてみて。

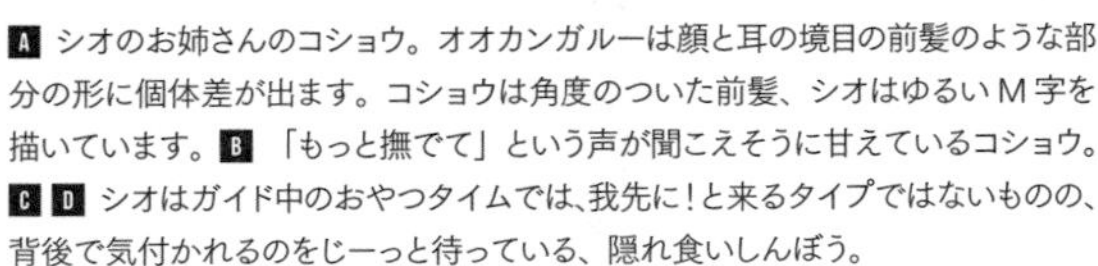

A シオのお姉さんのコショウ。オオカンガルーは顔と耳の境目の前髪のような部分の形に個体差が出ます。コショウは角度のついた前髪、シオはゆるいＭ字を描いています。B 「もっと撫でて」という声が聞こえそうに甘えているコショウ。C D シオはガイド中のおやつタイムでは、我先に！と来るタイプではないものの、背後で気付かれるのをじーっと待っている、隠れ食いしんぼう。

トラブルを乗り越えて ちょっと図太くなった？

シオ

オオカンガルー

哺乳綱双前歯目カンガルー科
2019年4月17日（着地日）／♀

数センチという小ささで生まれ、お母さんの袋に向かって自力で登っていくカンガルーの赤ちゃん。生まれたての冒険はとても過酷です。シオはお母さんのおなかの袋へ登る途中で落下してしまったところを、たまたまそばで見ていた飼育員さんに拾われお母さんの袋の中へ。おかげで無事に成長しました。

そんな経験をして肝が据わっているのか、警戒心があまりなく、天気の良い日はぐっすり昼寝。眠りが深く、近づいても中々起きません。

高いところが好きで、のんびりしている時は岩山の上で岩と同化しているカモシカ。個体によって毛の色や顔つきにかなり違いがあります。木の葉を食べたり、ゆったり座ってひなたぼっこしたり自由に過ごしています。

個性豊かな岩山の番人

クロベ

ニホンカモシカ

哺乳綱偶蹄目
ウシ科
2008年7月9日／♂

木の柵や岩などによく顔をこすりつけています。無心でスリスリしている姿にほのぼのします。

ブラッシング好きなのんびり屋さん

アグア

ベアードバク

哺乳綱奇蹄目バク科
1995年6月21日／♂

おっとりして見えますが、草や葉をかみつぶして食べるバクの歯は意外と鋭く噛む力も強いのです。

中米に生息するベアードバクは、世界的に保護が呼びかけられている生きものの一種です。現在、日本で展示されているベアードバクはアグアだけ。ブラッシングをされているとすぐにごろんと横になるフレンドリーさが魅力です。

Category

03

TOKAI

東海

03 掛川花鳥園

P076

同園では大温室の中で、美しい花々と共に放し飼いされている鳥たちを鑑賞できる点が大きな特徴。ハシビロコウなど希少な鳥も見学できる他、屋外会場で行われるヘビクイワシのヘビ狩りはいつも大賑わいです。

住所●静岡県掛川市南西郷 1517　**電話**●0537-62-6363　**開園**●9:00 ～ 16:30（入園は閉園 30 分前まで）　**休み**●第 2・4 木曜日（繁忙期は除く）　**料金**●小人無料～ 1500 円、大人 1500 円ほか　**駅**●JR 東海道新幹線・東海道本線掛川駅から掛川バス、掛川花鳥園前バス停下車すぐ　**HP**●https://k-hana-tori.com

04 日本モンキーセンター

P082

霊長類の展示種数は約60種800頭と世界最多。中でもワオキツネザルやボリビアリスザルを柵なしで観察できる「Waoランド」と「リスザルの島」が人気です。動物の特徴を活かしたイベントや展示をお楽しみください。

住所●愛知県犬山市犬山官林 26　**電話**●0568-61-2327　**開園**●10：00 ～ 17：00（12 ～ 2 月は 10：00 ～ 16：00）　**休み**●火・水（10・11 月は火）　**料金**●小人 300 ～ 500 円、大人 1200 円　**駅**●名古屋鉄道犬山駅から岐阜バス、モンキーパークバス停下車すぐ　**HP**●https://www.j-monkey.jp

05 のんほいパーク 豊橋総合動植物公園

P086

動物園・植物園・遊園地・自然史博物館が一体化した公立施設。動物園ゾーンでは約140種800頭が暮らし、なかでもアジアゾウやパタスザル、サーバルなどアジアやアフリカの動物を多数展示しています。

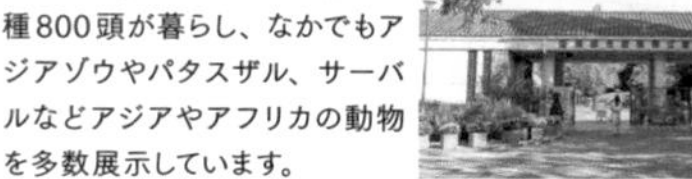

住所●愛知県豊橋市大岩町字大穴 1-238　**電話**●0532-41-2185　**開園**●9:00 ～ 16:30（入園は閉園 30 分前まで）　**休み**●月（祝・振替休日の場合は翌平日）　**料金**●小人無料～ 100 円、大人 600 円ほか　**駅**●JR 東海道本線二川駅から徒歩 6 分　**HP**●https://www.nonhoi.jp

06 東山動植物園

P090

1937年にオープンした同園では約450種の動物を飼育し、その種類数は日本一。コアラやチンパンジーなど複数個体の展示が多いのも魅力です。イケメンとして絶大な人気を誇るニシゴリラ、シャバーニにはぜひ会いたい！

住所●愛知県名古屋市千種区東山元町 3-70　**電話**●052-782-2111　**開園**●9:00 ～ 16:50（入園は閉園 20 分前まで）　**休み**●月（祝・振替休日の場合は翌平日）　**料金**●小人無料、大人 500 円ほか　**駅**●名古屋市営地下鉄東山線東山公園駅から徒歩 3 分　**HP**●https://www.higashiyama.city.nagoya.jp

ZOO DATA

01 伊豆シャボテン動物公園

P068

リスザルやクジャクなどが放し飼いで飼育されており、動物たちとの距離の近さが魅力。カピバラやラマなどの動物へのエサやり、触れ合いが園内各所で体験できます。約1500種類の多肉植物の展示も見どころ。

住所●静岡県伊東市富戸 1317-13 **電話**●0557-51-1111 **開園**●9:30～17:00（季節により変動あり） **休み**●無休 **料金**●小人無料～2600円ほか **駅**●JR伊東線伊東駅から東海バス、シャボテン公園下車すぐ **HP**●https://izushaboten.com

02 静岡市立日本平動物園

P072

レッサーパンダなどの動物を間近で見られる行動展示や、ジャガーをはじめネコ科の大型猛獣4種類の違いを楽しむ比較展示など、生態や特徴をしっかり観察できるのが魅力。多種多様な動物を飼育展示しています。

住所●静岡県静岡市駿河区池田 1767-6 **電話**●054-262-3251 **開園**●9:00～16:30（入園は閉園30分前まで） **休み**●月（祝休日の場合は翌平日） **料金**●小人無料～150円、大人620円ほか **駅**●JR東海道本線東静岡駅からしずてつジャストラインバス、動物園入口バス停下車徒歩5分 **HP**●https://www.nhdzoo.jp/

のんほいパーク 豊橋総合動植物公園　撮影：北島 宏亮

茶色の顔の中、頭に一部だけ白い毛があるのが髪飾りのよう。首から下の白と茶色もはっきり分かれた目立つボディです。

つぶらな瞳と長いまつげが印象的。体の模様が1頭1頭違い、両親と全然違う色の子どもが生まれることも。

トラブルを乗り越えて
ちょっと図太くなった？

サラ

ラマ

哺乳綱偶蹄目ラクダ科
2021年9月14日／♀

ラマはアンデス地方の高く険しい山の地域で飼育されている家畜です。毛や皮をとったり荷物の運搬をしたりする他、フンを燃料にすることも。地域の人々の暮らしには欠かせない存在といえます。

基本的に草の葉を食べていれば健康ですが、果物や穀物も大好き。けれど栄養価が高すぎるものは体によくないため、同園では牧草をメインに与えています。暑い時には動きが鈍くなりますが、寒さには強く1年を通して外で元気に過ごします。

も

ともと臆病でおとなしい動物ですが、サラはいろいろなものに興味津々。外をじっと眺めたり、人のこともあまりこわがらず、近づいてもきょとんとしています。

お父さんもお母さんも白いけれど、サラには茶色の毛がたくさん混ざっています。子どもの頃はお母さんのことが大好きでしたが、お母さんはちょっと放任主義っぽい子育てぶり。ついて回るサラをあまり気にしなかったけれど、サラはたくましく育ち、今は両親とは園内の別の展示場で暮らしています。

A お母さんの真似をしてお澄ましウォーキング。この頃はいつでもお母さんのあとをぴったりついていました。B 耳をピンと立てて集中しています。穏やかそうですが、仲間同士のケンカはけっこう激しいもの。まれに気に入らないことがあるとツバを飛ばすことがあります。C 繊維質の多い草が主食。サラはエサを持つ飼育員さんをめざとく見つけて近づきます。

砂の上をゴロゴロするのはよく見られる姿。おなかを見せるのは安心している証です。リラックスしているのと同時に、汚れや虫を落として毛や皮膚をケアする役割もあります。

サラ DATA

性格	好奇心旺盛で穏やか
特技	エサを持った飼育員さんを見つけること
好物	サツマイモ、穀類

写真提供（p68-71）：伊豆シャボテン動物公園

大耳とアーモンドアイ
心に響く愛らしさ

リビ

フェネック

哺乳綱食肉目
イヌ科
2019年5月19日／♀

人工哺育で育ったリビは、好きな飼育員さんがいると近づいてきておなかを見せ、安心していることや遊びたい気持ちを伝えます。でも、時には好きな飼育員さんでも触られたくないそぶりを見せることがある、気分屋さんな一面も。

まれに見るイケメンから
ダイナマイトボディに

育（イク）

ミナミコアリクイ

哺乳綱有毛目
アリクイ科
2021年8月17日／♂

担当飼育員さんの間では「こんなにかわいいアリクイ見たことない」と話題のまとだった育。マイペースによく食べよく寝て、今では兄弟の中でも最大級の大きさに。ぱっちり二重だった目も埋もれ気味？そんなところも愛されキャラです。

キリッとした顔立ちで、イケメンと評判。おやつタイムでは、大好物のリンゴを欲しがる「ちょうだい」ポーズがおなじみですが、カップルのコナツに横取りされてしまうことも。でも仲のいい２頭なのです。

ハズバンダリートレーニングの反応が良く、いろいろなことをすぐに覚えます。

好奇心旺盛で
物怖じせず

ヨモギ

レッサーパンダ

哺乳綱食肉目
レッサーパンダ科
2015年6月27日／♂

ぺちゃんこ顔が
キュート

とろ

ビントロング

哺乳綱食肉目
ジャコウネコ科
2019年3月14日／♀

ミャンマー、マレーシアなどの森に生息するビントロング。とろは一緒に暮らすパートナーのエサまで取りにいく勝気女子。しっぽを抱き枕にするなど寝相がユニークです。

ボートで島に上陸して
エサやり体験

レイシー

ワオキツネザル

哺乳綱霊長目
キツネザル科
2012年3月25日／♀

四角い顔としっぽが内側に反るのが特徴のレイシーはベテランママで、自分の子でなくても面倒を見るくらい世話好き。「ワオキツネザルの島」で暮らしています。

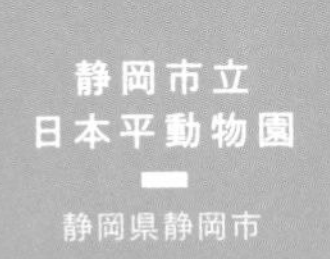

黒衣をまとった
しっかり者のお母さん

小梅

ジャガー

哺乳綱食肉目ネコ科
2018年10月25日／♀

黒いボディに黒い模様が散りばめられた姿はとてもスタイリッシュ。明るいところでは透けた模様がよく見えます。

口のまわりを膨らまして興奮気味に枝を運ぶ小梅。遊んでいるうちに枝と真剣勝負になってしまったのかな。

黄色い体に黒い模様（梅紋）が、中南米の王者、ジャガーのトレードマーク。けれど南アフリカ出身の小梅は全身真っ黒で「クロヒョウかな?」と思ってしまいそう。

小梅は黒変種です。白変種であるアルビノは一般的に知られていますが、黒変種はジャガーでは優性遺伝。よく見ると黒い梅紋は他の個体と同じようにあります。

パートナーとの間に子どもができた時は、小梅ファンのお客さんたちも、どんな色の子どもが生まれてくるのか盛り上がりました。

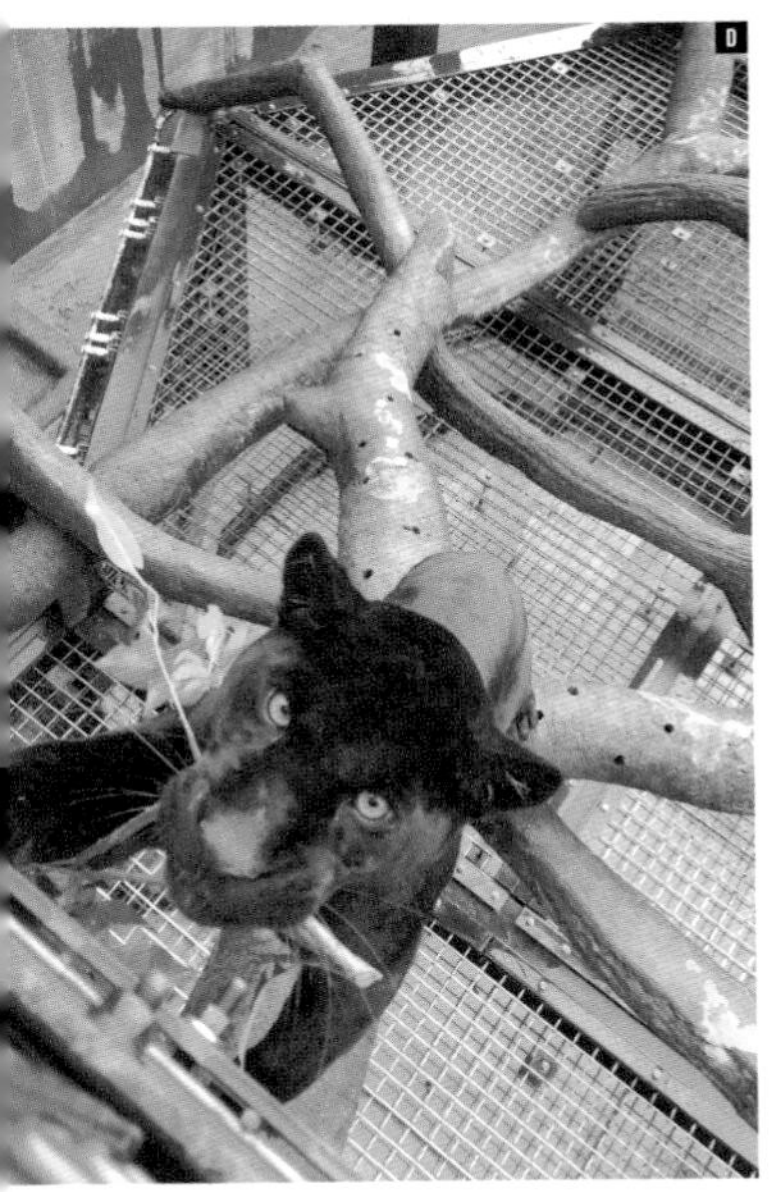

A ジャガーはライオン、トラについで大きなネコ。アメリカ大陸では最大です。 B カメの甲羅を割ることもあるほど、あごの力が強いんです。 C 木登りは大得意で、獲物を樹上にかつぎあげることも。ネコとしては泳ぎも得意で、運動能力の高いアスリート系。 D 歩き回るジャガーを上からも見ることができます。肉球も間近で観察できますが、あまりに近いので、ジャガーの足や体についた砂などを浴びてしまうことも。

生まれてきたのはメスの双子。お姉さんは黒、妹は黄色です。小梅自身、まだあどけなさが残るように活発で遊び好き。けれど出産後は新米ママさんとして子どもたちを慈しみ、大事に育てました。

子どもたちを練習で放飼場に離した時のこと。遠くにいるライオンのうなり声を聞くと、双子を素早く自分の足の間に隠す小梅。その後もしばらく周囲を警戒し、牙をむきだして歩き回っていたそうです。子を守る母の愛に飼育員さんが感動した出来事でした。

小梅 DATA

性格｜積極的
特技｜木登り、泳ぎ

写真提供（p72-75）：静岡市立日本平動物園

表情はあどけないけれど、色もだいぶ濃くなり大人とあまり変わらなくなっています。
鳴き声をあげてアピールしながら、お母さんにぶつかっていた3か月の頃。

大胆行動の赤ちゃんに飼育員さんはヒヤヒヤ

かずのこ

レッサーパンダ

哺乳綱食肉目レッサーパンダ科
2021年8月4日／♂

レッサーパンダの故郷はヒマラヤの周辺。ジャイアントパンダと同じように竹の葉が主食ですが、小動物や鳥の卵も食べる雑食派です。

かずのこは、同園で暮らす和（カズ）とニコという人気者の両親から生まれた子。小さい頃は、よく眠る静かな赤ちゃんでしたが、歩けるようになったら高い屋根からいきなり飛び降りたことも。成長するにしたがって、どんどんいたずらっ子になり、にぎやかな毎日を送っています。

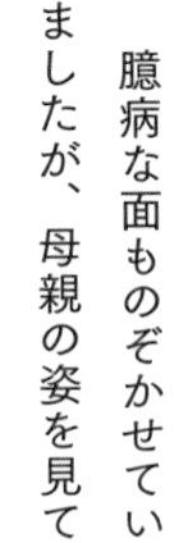

お母さんにタックルをしかけては怒られたり、ぶらさがった木の枝を折って落ちてしまったり。高い屋根からも思いっきり飛び降りるので、飼育員さんは毎日ヒヤヒヤでした。
　臆病な面ものぞかせていましたが、母親の姿を見てか、人をこわがることなく育ったかずのこ。至近距離でかわいい寝顔を披露することや、ガラス越しにお客さんのカメラで遊ぶこともあり、居合わせた人たちが思わず顔を見合わせて吹き出してしまうような行動がいっぱいです。

A 愛らしいお得意の表情。よくピンク色の舌をのぞかせています。B 野生では鳥をつかまえて食べることもあり、ふくふくとした見た目には似合わない俊敏さも持ち合わせています。C リンゴが大好物。直立不動でリンゴを受け取り真剣な顔で食べていることも。D 生後32日のかずのこをくわえて運ぶ、お母さんのニコ。こんなグレーの毛並みが、鮮やかな模様に変わっていきます。

寒さから身を守るため足の裏までびっしりと毛に覆われています。鋭い爪を引っ掛けて木をかけあがるのもお手のもの。

かずのこDATA

性格｜積極的
特技｜木登り
好物｜リンゴ

名前の由来の大きな口も、擬態（ぎたい）の時には目立ちません。来園当初は近くを人が通ると、クチバシを上に向けて擬態の準備をしていました。

体を一直線にピンと伸ばして木の枝のふり（擬態）をします。無の表情がジワジワきます。

大きな口で肉をぱくり
いないふりが上手です

玄

オーストラリアガマグチヨタカ

鳥綱ヨタカ目ガマグチヨタカ科

2０２２年３月から同園で公開をスタートしたヨタカ。たくさんの鳥がのびのびと暮らす掛川花鳥園でも初めて飼育する鳥です。生息地はもちろんオーストラリア。体調は50㎝、重さ４５０ｇほどで、顔を見て語りかけるのにほどよいサイズ感です。

朝9時頃に飼育員さん同行で出勤し、夕方4時頃帰宅するという規則正しい生活を送る玄。園内ではイベント会場に専用の止まり木があり、おとなしくじっとしています。

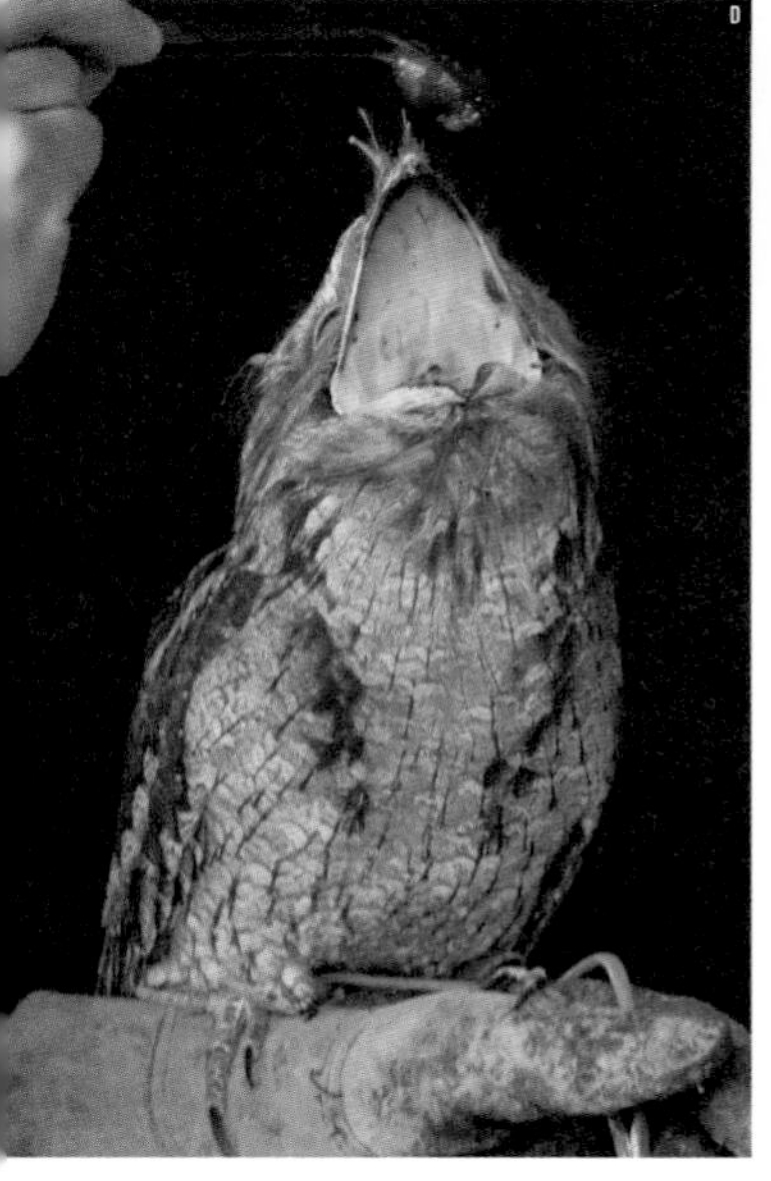

A まるい頭とぱっちり目、顔は目立つけれど、羽の模様は前から見ても木の幹に溶け込むよう。 **B** 狩りは待ち伏せ型。愛用の止まり木は、羽を保護するために出る脂粉(しふん)でヨタカ色に染まっています。 **C** 止まり木の目の前はお客さんの通路ですが、玄は特に気にしてはいないよう。でも台車を押したスタッフさんが通ると、なぜか高確率で擬態します。 **D** 赤身肉が好き。手触りはフワフワで、飼育員さんが手を出すとハミハミしてくれるのだとか。

今ではお肉などをパクパクとよく食べますが、引っ越しをしてきた時は緊張したようで、全然食事をしてくれませんでした。そこから1週間ほどで食べられるようになり、今では自室にいる時は担当の飼育員さんにじり寄ってくるように。一見無表情に見えますが、だんだん素の姿を見せてくれるのが楽しみだとか。

驚くと体をピンと細く突っ張るようにして木の枝に擬態します。不定期で1日に数回のチャンスなので見ることができたらラッキーです。

玄 DATA

性格	緊張しいだけど図太い面も
特技	じっとしていること
好物	ウズラ肉

写真提供（p76-81）：掛川花鳥園
撮影：土肥祐治

本物の狩りでは、獲物の頭を蹴ったり踏みつけたりして弱らせてから捕食します。猛毒のコブラも倒す足の力は体重の約５倍とも。

A 年に数回はショーに出ても気乗りせず、ヘビを追いかけないこともあるとか。毎日生きていればそんな日もあります。B 世界で一番美しい鳥ともいわれます。顔の色味は若いうちは薄く、だんだん鮮やかになっていきます。C 頭の冠羽が羽ペンのようだということで、書記官鳥の別名もあります。呼び名が多いのは人気者の証拠。

華麗なキックと見事な集中力
臨場感に大歓声があがります

キック

ヘビクイワシ

鳥綱タカ目ヘビクイワシ科
ー／♀

同

園の名物パフォーマンスといえばヘビ狩りのショー。サバンナに生息する優美で勇猛な鳥、ヘビクイワシが獲物のヘビ（おもちゃ）を仕留めます。背の高さが1mを越えるヘビクイワシが、素早い動きでヘビを追い、長い足で鋭い一撃を繰り出すさまは迫力満点。柵も囲いもない広場で直に見られるので、夢中で見入ってしまいます。

ふだんのエサはヘビではなく、ヒヨコやウズラなど。飼育員さんの手から受け取り豪快に丸飲みします。

クチバシの模様の鮮やかさは見とれてしまうほど。クチバシの付け根にある黄色が馬の鞍に似ているということで「クラがクチバシにあるコウノトリ」＝「クラハシコウ」に。

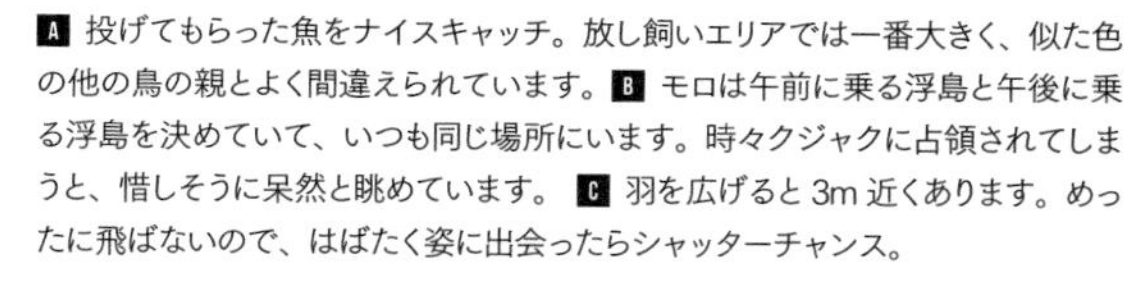

A 投げてもらった魚をナイスキャッチ。放し飼いエリアでは一番大きく、似た色の他の鳥の親とよく間違えられています。B モロは午前に乗る浮島と午後に乗る浮島を決めていて、いつも同じ場所にいます。時々クジャクに占領されてしまうと、惜しそうに呆然と眺めています。C 羽を広げると3m近くあります。めったに飛ばないので、はばたく姿に出会ったらシャッターチャンス。

食にも居場所にも
頑固にこだわります

モロ

クラハシコウ

鳥綱コウノトリ目
コウノトリ科
ー／♂

たくさんの種類の鳥が一緒に暮らす放し飼いエリアにいます。人が鳥のいるエリアに入っていき、同じ空間で過ごせる人気のエリアで、エサの小魚を買って鳥たちに与えることができます。

モロは池の上の浮島にいることが多く、隣に立つのは難しいけれど、小魚を投げると上手にキャッチしてくれます。でも飼育員さんにもらう魚についてはとても厳しいのがモロ。時間がたった魚は口にしないし、魚の尾ビレを切ってあげないと食が進みません。

ふわふわマシュマロは
頑張り屋さん

ひめ

コールダック（アヒル）

鳥綱カモ目カモ科
2019年5月15日／♀

真っ白なおしりをフリフリ一生懸命走る姿に応援が集まります。

ひめはバードショーの人気者。元気に走り回ったり、飛べない羽を必死で羽ばたかせて浮かび上がったり。いろいろな顔を披露してくれます。中でも一番得意なのは、飼育員さんが差し出したエサを一瞬でたいらげること？

巣作りもエサ探しも
迷惑なほど全力投球

クロツラヘラサギ

鳥綱ペリカン目トキ科

放し飼いエリアに数羽いて、小魚を持っているとみんなで寄ってきます。繁殖期になると落ちているものはなんでも拾って巣材にしてしまいます。お客さん用の手洗い場を巣にしてどうしても動かず、手洗い場をクローズさせたことも。

顔（ツラ）が黒くて、クチバシがヘラのようなサギ。穏やかな性格ですが、魚を持つ子どもを追いかけて泣かせてしまうことも。

空を鮮やかに染める集団飛行が得意

—

コガネメキシコインコ

鳥綱オウム目インコ科

人なつこく賢く、飼育員さんの言葉や顔をよく覚えています。日に数度、いきなり始まる集団飛行は見応えあり。

放し飼いエリアで存在感を放つのが鮮やかなインコ。5つほどのグループがあり、1羽1羽だけでなく、グループごとの性格の違いもあるのだとか。ものをかむのが大好きなので、担当飼育員さんの服や持ち物は穴だらけ。

ドキッとするほど声まねが得意

アンソニー

ヨウム

鳥綱オウム目インコ科

ショーではサッカーやバスケットボール、柔道まで披露する芸達者さん。同園でも古株の1羽でとても頭がよく、ショーでは相手を見て気合いの入れ方を変えるというちゃっかりした面も。スタッフを呼ぶ時も、相手によって声を変えます。

ショーでの振る舞いは堂々としたもの。気が乗らないとうまく手を抜くところまですごい。

黒っぽい体に白い顔が浮かび上がる

モップ

シロガオサキ

哺乳綱霊長目サキ科
2004年4月14日／♂

モップは全国にファンをもつ人気者。顔だけ白い特徴的なルックスと、寝転んでおなかを出す日光浴スタイルなど、思わずクスリとしてしまいそうな姿がSNSを通じて大人気になりました。

モップに会いに来たお客さんがよくいうのが「ちっちゃい」ということ。黒と白のインパクトある姿形からか、オランウータンくらいの大きさを想像する人もいます。実際は頭の先からおしりまで約40㎝弱ほどと、一般的なネコくらいのサイズです。

アマゾン川下流域の森の中に生息し、エサは果物や種子。野生ではほとんど地上に降りることはありませんが、モップは朝、よく地面に仰向けになっています。
　ファンからおいしい食べもののプレゼントをもらっているため、飼育員さんが近くを通ると、何かもらえないか期待するそぶり。
　ある時はプレゼントが余程気に入ったのか、食べ終わって空になったお皿を飼育員さんが片付けようとしたところ、ものすごく怒っていたこともあったとか。

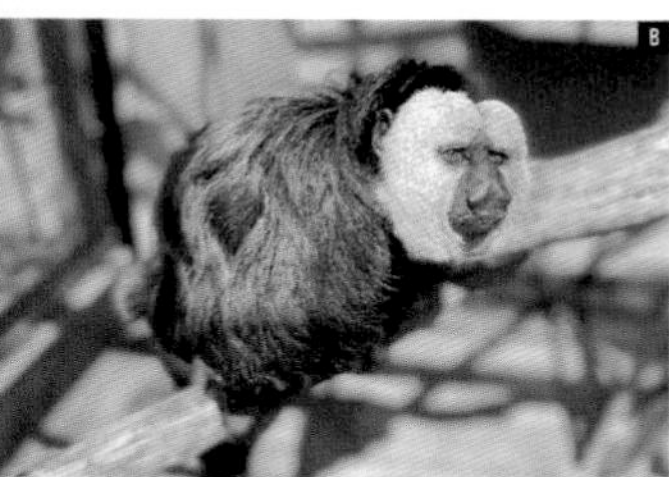

A しゃがんでいると顔が大きく感じますが、実は下半身ががっしり。足が長くてしっぽも立派です。 B 見れば見るほどユーモラスな毛の色のコントラスト。 C D 「何をしているの?」という動きをすることも多く、シャッターチャンスを待つお客さんがいっぱい。夜はいつも、部屋の小窓にはまるような位置どりで寝ています。

歯は通常36本。特に犬歯が発達しています。気分じゃないものを出されると一口かじって次には手を出しません。

モップ DATA

性格｜マイペース
特技｜小窓にはまる
好物｜蒸したサツマイモ

写真提供（p82-85）：日本モンキーセンター

相手によって変える態度がわかりやすい

タロウ

ニシゴリラ

哺乳綱霊長目ヒト科
1973年4月20日／♂

ワラの上で寝るのがお気に入り。暖かい日には好きな場所に毛布を広げてのんびりしています。

黒っぽいシルバーの毛に覆われた大きな体。つぶらな瞳のタロウは人間観察が大好き。気に入った女性をじっと見つめたり、大柄な男性には緊張して毛を立てて歩いたり。おやつも女性飼育員さんからほしがります。

頭がよく“おしゃべり”好き 食事タイムは大騒ぎ

―

フサオマキザル

哺乳綱霊長目
オマキザル科

エサはナッツ、ブドウ、蒸しサツマイモなど。頭数が多いので上からまいて、天井の金網に引っかかるものと床面に落ちるものに分散させます。

アマゾン川流域に広く分布します。手先が器用で賢く、仲間とは表情や声でコミュニケーションをとります。好奇心が強く、飼育員さんがカメラを向けると近づきすぎて撮りにくいほど。エサの時間にはにぎやかな群れの様子を見学できます。

約 80 頭の大きな群れの中で 2 番目に順位の高いオスです。強気で威張り散らすこともありますが、弟のケンカに加勢することも。メスにグルーミングされることも多く、みんなに慕われる兄貴的な存在です。

豪快な食事風景も
群れの頼れる存在

ヤッタ

アヌビスヒヒ

哺乳綱霊長目
オナガザル科
2008 年 4 月 9 日／♂

子どもの頃にケガした唇が切れたままで笑ったように見えます。食事の時は豪快に食べるため、よだれや果汁などのあらゆる汁が唇の切れた部分からこぼれちゃいます。

群れの中での行動や個体間の関係性に注目

ノンタン&ヒラマサ

ヤクシマザル

哺乳綱霊長目オナガザル科
ノンタン▶2001 年 4 月 9 日／♀
ヒラマサ▶2013 年 4 月 29 日／♂

小顔で頭や背中の毛が薄いヒラマサ。薄毛は群れの中で順位が高く、みんなに毛づくろいされるから。

歩く時は四足歩行なのに、走るとなぜか二足歩行になるのはノンタン（写真右上下）。臆病だけどおなかが空くと手を叩いたり振ったりして飼育員さんを呼びます。こっそり忍び寄ってきて背後からポケットをのぞくのがお茶目。

のんほいパーク
豊橋総合
動植物公園

愛知県豊橋市

寒い海に住むため厚い脂肪に守られた体はずんぐりむっくりしています。陸上では全身を使い、一生懸命に移動します。

A お母さんのもなかと。お父さんとお母さんのまねをしながら、泳ぎや食事の仕方を覚えていきます。B 小さく切ったサンマを上手にくわえられました。魚を自分でしっかり食べるようになるまで、飼育員さんはいろいろ工夫を重ねたそうです。C D ぬいぐるみみたいな赤ちゃん期。小さな体に対してヒレ状の手（前足）が大きく見えます。梅の花みたいなまゆ毛も愛らしい。

目で、体全体で
お客さんを追いかける

しらたま

ゴマフアザラシ

哺乳綱食肉目アザラシ科
2021年5月5日／♂

好奇心が旺盛で、お父さんの茶々丸にちょっかいを出しすぎて怒られたり、お客さんを追いかけたり。でも環境の変化には敏感で、気になることがあると腰が引けてしまうところもあります。

エサの魚を食べものとして認識するまでに少し時間がかかったしらたま。飼育員さんが口を開けさせて魚を入れたり、プールの中に魚をまいたり。小魚を食べた時にはひと安心。少しずつ大きな魚も食べられるようになり、今では大きなホッケが大好きです。

福耳のような右耳が特徴のチャンパカ。土いじりが趣味で、よく地面に穴を掘っています。

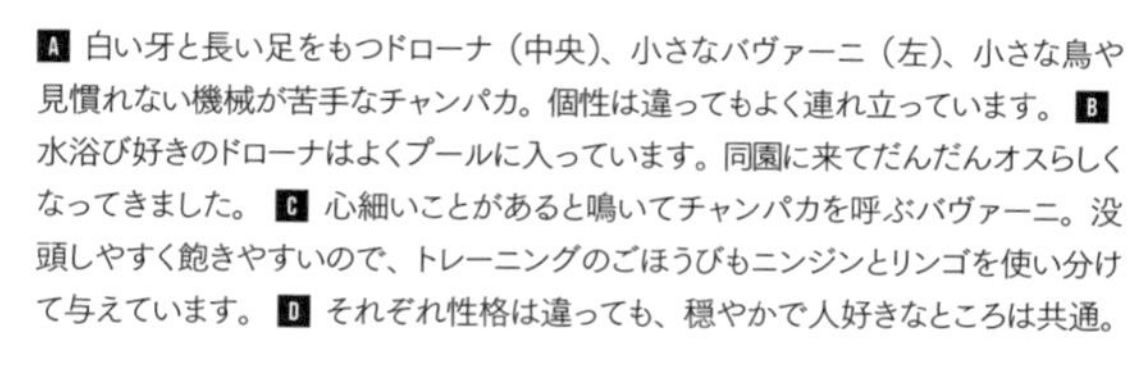

A 白い牙と長い足をもつドローナ（中央）、小さなバヴァーニ（左）、小さな鳥や見慣れない機械が苦手なチャンパカ。個性は違ってもよく連れ立っています。 **B** 水浴び好きのドローナはよくプールに入っています。同園に来てだんだんオスらしくなってきました。 **C** 心細いことがあると鳴いてチャンパカを呼ぶバヴァーニ。没頭しやすく飽きやすいので、トレーニングのごほうびもニンジンとリンゴを使い分けて与えています。 **D** それぞれ性格は違っても、穏やかで人好きなところは共通。

個性的で見飽きない
インドから来たトリオ

ドローナ&チャンパカ&バヴァーニ

アジアゾウ

哺乳綱長鼻目ゾウ科
ドローナ▶2011年3月10日／♂
チャンパカ▶2011年2月22日／♀
バヴァーニ▶2015年6月16日／♀

3

頭はインドから一緒にやってきました。来日1年で体が大きくなり、飼育員さんの指示を一番早く覚えたのがドローナ。バヴァーニは同園のインドゾウの中でいちばん若く、甘えん坊でさびしがりや。チャンパカはゾウたちが揉めていると、かけつけて仲直りさせます。

インドから来てすぐにトレーニングを始めたものの、中々指示が伝わらず苦労しました。それだけに、できることが増えるたびに意思が伝わったことがうれしく感じられたとか。

写真提供（p86-89）：のんほいパーク 豊橋総合動物公園

きりり顔のオスと美形メスのペア

ショウショウ&リーファ

レッサーパンダ

哺乳綱食肉目レッサーパンダ科

ショウショウ▶2017年7月15日／♂

リーファ▶2018年6月7日／♀

モコモコした毛は寒いところで暮らしているから。大好きなリンゴをあげると、ショウショウはぐいぐい、リーファは慎重に近寄ってきます。2匹は同園初めてのレッサーパンダで飼育員さんにとっても受け入れ時の思い出がいっぱいです。

きりっとした顔で左耳が丸いのがショウショウ（左）。木登りは大得意ですが、かかとをつける歩き方で地上でも安定して立っていることができます。

少しずつ貫禄をましていきます

スカイ

ライオン

哺乳綱食肉目ネコ科

2021年5月2日／♂

たてがみが少しずつ生えてきましたが、百獣の王の風格を備えるにはもう少しかかりそう。

駆除した野生のシカを、加熱殺菌処理などで安全なエサとして与える屠体給餌（とたいきゅうじ）もお気に入り（写真右下、幼少時）。

おねだり上手揃い

—

ヤギ(ピグミーゴートや雑種)

哺乳綱偶蹄目
ウシ科

高い所が好きなので、「エサやり体験」の時には上からお客さんにエサをねだる子も。「ヤギのかけっこ」では、メス15頭が小屋から運動場まで、園路を走って移動する姿を見ることができます。一生懸命走る子やマイペースな子など個性も様々。

エサをめがけて
プールにジャンプ

キャンディ

ホッキョクグマ

哺乳綱食肉目
クマ科
1992年11月2日／♀

ふくよかな体型と白い毛、大きな体でもぬいぐるみ感のあるキャンディ。エサを横取りするアオサギに怒って飛びかかった時は、両手で押さえつけこらしめてから解放。アオサギはケガもなく飛び去ったという驚きのエピソードが。

生息地では数10mもの高さの樹上で暮らすスマトラオランウータン。新しい動物舎は樹上生活を再現できる造りになっています。

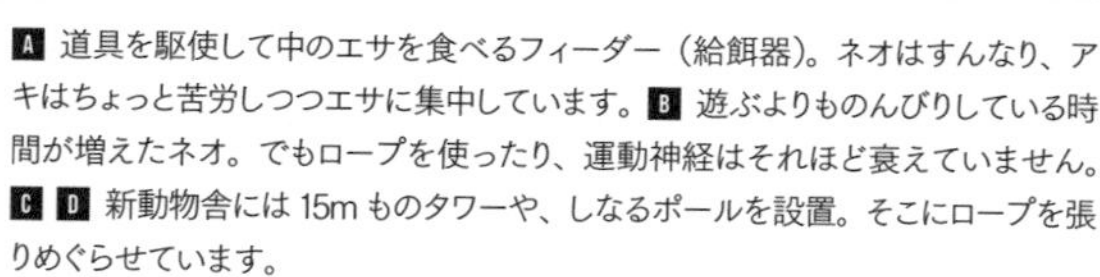

A 道具を駆使して中のエサを食べるフィーダー（給餌器）。ネオはすんなり、アキはちょっと苦労しつつエサに集中しています。**B** 遊ぶよりものんびりしている時間が増えたネオ。でもロープを使ったり、運動神経はそれほど衰えていません。**C** **D** 新動物舎には15mものタワーや、しなるポールを設置。そこにロープを張りめぐらせています。

姉妹で若々しく 2023年夏には新しいおうちも

ネオ＆アキ

スマトラオランウータン

哺乳綱霊長目ヒト科
ネオ▶1970年3月5日／♀
アキ▶1984年9月13日／♀

同園に暮らすのはネオとアキの姉妹。オランウータンの寿命は50～60歳くらいですが、ネオはもう52歳。耳が遠くなったり前歯が抜けたりということはありますが、まだまだ元気と賢さは健在です。以前は口で強引に開けていたペットボトルのキャップを手で開けられるようになりました。アラフォーのアキも元気いっぱい。ペットボトルはいまだに口で開けていますが、お互いにまだまだ進化を見せてくれるかもしれません。

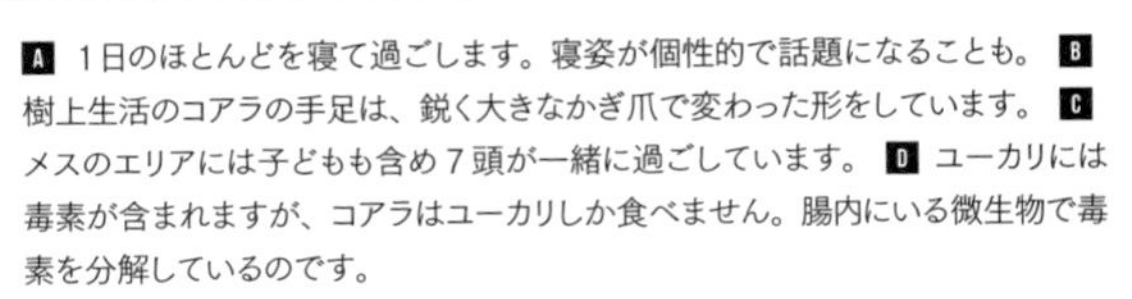
A 1日のほとんどを寝て過ごします。寝姿が個性的で話題になることも。 B 樹上生活のコアラの手足は、鋭く大きなかぎ爪で変わった形をしています。 C メスのエリアには子どもも含め7頭が一緒に過ごしています。 D ユーカリには毒素が含まれますが、コアラはユーカリしか食べません。腸内にいる微生物で毒素を分解しているのです。

睡眠時間は1日20時間 起きる時は食べる時

コアラ

哺乳綱カンガルー目コアラ科

同園には現在11頭のコアラが暮らしています。繁殖も順調で、いろいろな年代のコアラたちを比べ見することができます。

コアラの唯一の食べものであるユーカリの葉は栄養価が低いため行動は省エネ型。1日の大半を寝て過ごし、エネルギーの消耗を防いでいます。木にしがみついて目をつむっているのには理由があったのですね。お昼過ぎのユーカリ替えの時間帯には、食事風景や、木から木へとジャンプする意外にアクティブな姿も観察できます。

写真提供（p90-95）：東山動植物園

世界四大珍獣のひとつといわれるコビトカバ。お客さんには、しばしばカバの赤ちゃんと間違われますが、よく見ると顔つきや足など全体的に違うのがわかります。2頭とものんびりしていてよく寝ます。立ったままで寝ていることも。

カバの子どもじゃない！
小さくて珍しいカバ

コユリ＆ミライ

コビトカバ

哺乳綱偶蹄目カバ科
コユリ▶2009年6月22日／♀
ミライ▶2016年12月23日／♂

人なつっこいコユリは、プールのふちや柵に足をかけ、笑っているような顔をします。

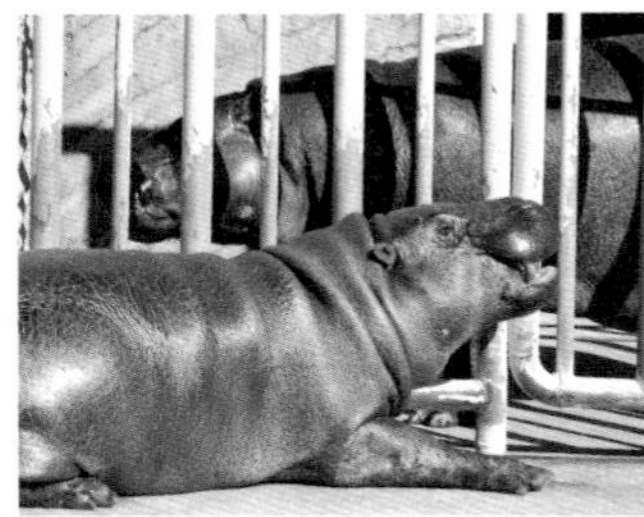

顔つきもツノも
けっこう違う

アクシスジカ

哺乳綱偶蹄目
シカ科

多くのシカは成長すると斑点が消えますが、アクシスジカはそのまま。斑点の散らばり方もそれぞれ違います。

全身に白い斑点をまとい、世界で一番美しいシカといわれています。。オスだけに生えるツノは1年に1回生え変わります。野生での生態に合わせて10頭程度の群れで飼育。日当たりの良い場所で、みんなでまったりしている姿にほのぼします。

名物？ タヌキだんご

ー

ホンドタヌキ

哺乳綱食肉目
イヌ科

人に身近な里山に家族単位で暮らすタヌキ。冬の寒い日は複数頭が固まり、だんごになって寒さをしのぎます。

鼻の動きがかわいい

コモレ

マレーバク

哺乳綱奇蹄目
バク科
2020年10月26日／♀

夜の暗闇で天敵の目をごまかすための白黒ツートン。活発になるのは夕方以降。干し草や果物、木の枝などを混ぜたエサを、鼻と下唇を上手に使って食べます。

体の白い部分は、触ると硬く感じるくらい皮膚が厚くなっています。穏やかな表情ですが、怒って歯を剥き出すと、負けないオーラが全開に。

世界一
こわいもの知らず

フラン＆ザビー

ラーテル

哺乳綱食肉目
イタチ科
フラン▶♂
ザビー▶♀

国内では同園のみの飼育。食欲旺盛な雑食でなんでも食べることと、気性が荒く体の大きな動物にも立ち向かうため「こわいもの知らず」でギネス認定されています。危険を感じると、肛門腺から強いにおいの液体を発射します。

若さ弾ける
好奇心の強さ

アオ

スマトラトラ

哺乳綱食肉目
ネコ科
2019年10月8日／♂

人が好きで、高台から下を見下ろすのも好き。夏は水浴びも気持ちよさそう。アオは毎日をのびのび満喫しているように見えます。2023年夏には新スマトラトラ舎がオープン。岩場やプールなどでのびのびするアオを間近で見られます。

まだまだやんちゃ盛りでボール遊びが好き。飼育員さんが通ると見つめてきます。

年齢とともに目つきがだんだん穏やかになっているよう。でも毛並の豹柄の鮮やかさはそのままです。

どっしりと座る姿に
オーラが漂う

アスカ

ジャガー

哺乳綱食肉目
ネコ科
2004年8月3日／♂

年を重ね寝ている時間も増えたアスカですが、人なつこさと遊び好きは変わりません。タイヤの上に置かれた草を立ち上がって食べたり、もらった段ボールで遊んでから敷物にして昼寝をしたり。のんびり自由に暮らしています。

着膨れしてますが
本当はスリムです

ずん

シセンレッサーパンダ

哺乳綱食肉目
レッサーパンダ科
2018年7月13日／♂

顔の模様が見分けやすいポイント。背中の明るい茶色から想像できないおなかの真っ黒さが意外だというので話題になったことも。

もふもふの毛で覆われ実際より大きめに見えますが、体重は4～7kgとイエネコくらいしかありません。前足で上手に竹をつかんで食べたり、クマと同じようにかかとをつけて後ろ足だけで立ち上がるのも得意です。

家族が増えて一緒に子育て

アヌラ＆さくら＆うらら

アジアゾウ

哺乳綱長鼻目ゾウ科
アヌラ▶2001年10月20日／♀
さくら▶2013年1月29日／♀
うらら▶2022年6月26日／♀

アヌラの最初の子どもがさくら。そして2022年6月に、アヌラはうららを出産。母系社会であるゾウの習性にならい、さくらも同居したままの育児となりました。うららは母と姉に見守られながら、すくすく元気に育っています。

運動場では砂山や水たまりにダイブ！　少しやんちゃな、うららです。

Category

04

KOSHINETSU

甲信越／北陸

HOKURIKU

ZOO DATA

01 須坂市動物園

P098

桜や松の名所として知られる臥竜公園内に立地。キックやパンチが得意なアカカンガルーや、甘えん坊のトラなど個性豊かな動物が勢ぞろい。飼育員さんの手作りによる看板や案内板も多くアットホームな雰囲気です。

住所●長野県須坂市臥竜2-4-8 **電話**●026-245-1770 **開園**●9:00～16:45（入園は閉園45分前まで） **休み**●月（祝日の場合は翌日） **料金**●小人無料～70円、大人200円ほか **駅**●長野電鉄各線須坂駅からすざか市民バス、臥竜公園バス停・臥竜公園入口バス停下車徒歩10分 **HP**●https://www.city.suzaka.nagano.jp/suzaka_zoo

02 富山市ファミリーパーク

P102

呉羽丘陵の豊かな里山の自然環境を活かした展示が特徴。国の特別天然記念物に指定されているニホンライチョウやニホンカモシカの他、日本に暮らす動物を中心に約100種800点を飼育展示しています。

住所●富山県富山市古沢254 **電話**●076-434-1234 **開園**●3月中旬～11月／9:00～16:30、12～2月／10:00～15:30（入園は閉園30分前まで） **休み**●3月1～14日 **料金**●小人無料、大人500円ほか **駅**●JR各線富山駅・富山地方鉄道電鉄富山駅から富山地方鉄道バス、ファミリーパーク前バス停下車すぐ **HP**●https://www.toyama-familypark.jp

03 足羽山公園遊園地

P106

足羽山の山頂近く、緑豊かな公園内に立地する遊園地。アスレチック遊具の隣に屋外と屋内にエリア分けした動物飼育舎があり、ナマケモノやコモンマーモセットなど約50種200点が飼育展示されています。

住所●福井県福井市山奥町58-97 **電話**●0776-34-1680 **開園**●9:30～16:30（入園は閉園30分前まで） **休み**●月（祝日の場合は翌平日）、12月29日～2月（一部除く） **料金**●無料 **駅**●福井鉄道軌道線足羽山公園口駅から徒歩25分 **HP**●https://www.city.fukui.lg.jp/kankou/zoo/index.html

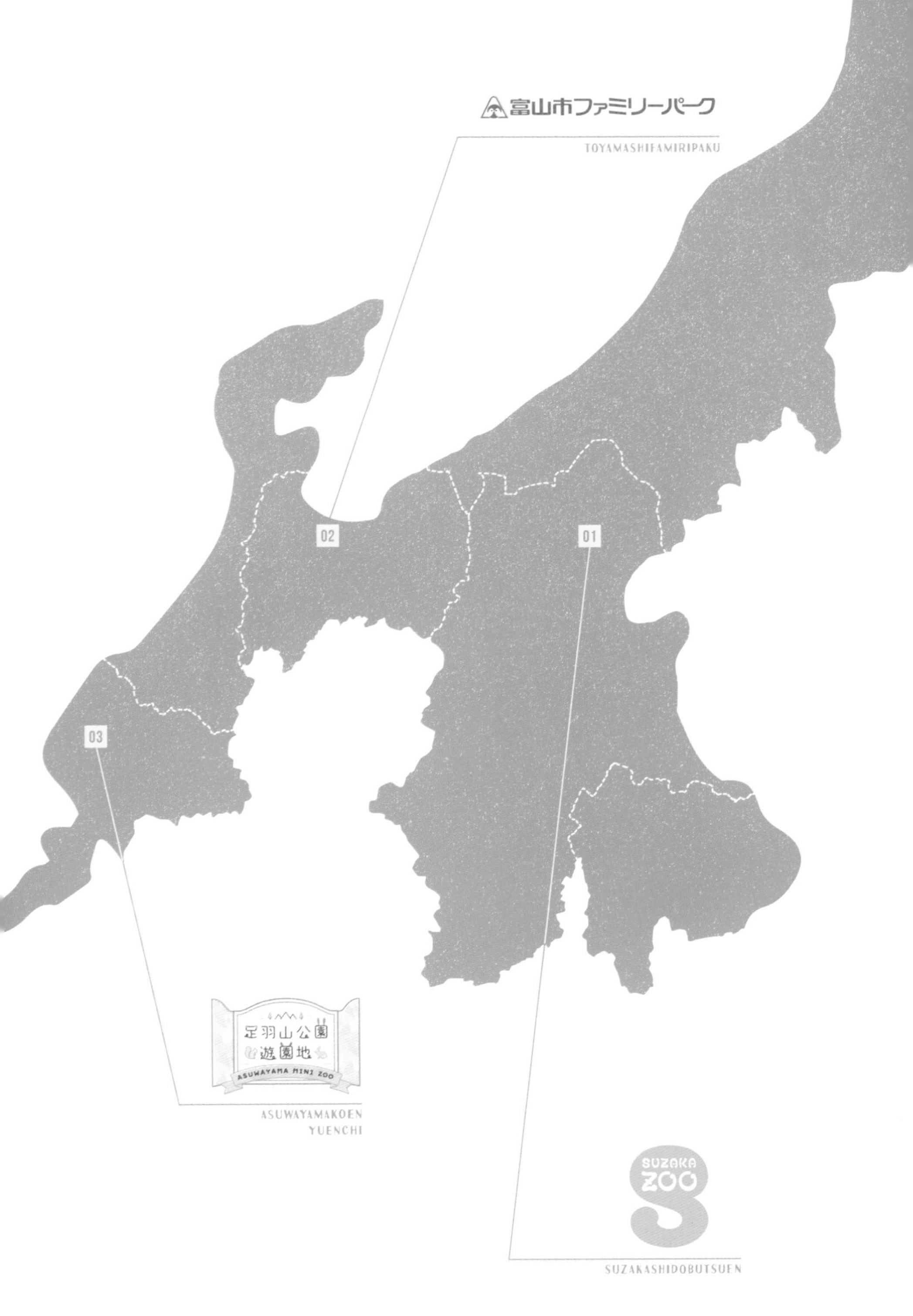

富山市ファミリーパーク　撮影：柴 佳安

ボスの座はゆずらない
いつでも臨戦体制

マッチ

アカカンガルー

哺乳綱双前歯目カンガルー科
2歳／ー

地上で生活する、地球上で最大の有袋類であるアカカンガルー。群れの中で一番強いオスだけが、メスと最初に交尾する権利を得られます。

現在のトップであるマッチは闘争心に溢れているよう。カンガルーといえばキックが最大の長所で、危険な技ですが、かみついてもくるので飼育員さんは闘いの中で成長するマッチに手を焼いています。掃除中の飼育員さんが持つ箒や道具にも闘いを挑み、その力は日に日に増しているとか。

取っ組み合いに、かみつき、蹴る、と激しいマッチですが、眠る時は横向きだけでなく仰向けだったりと、無防備な姿もさらしています。目つきが悪くなっている時は大体、眠たい時。寝ぼけ顔は人間に近くなってかわいいので、

昼間はそれを目当てに見学してみるのもよさそうです。朝と夕方近くが活発になり、長い尻尾でバランスを取って闘う姿がみられます。基本的には開演前、閉園後が多いので、みられるとラッキーかもしれません。

A 飼育員さんに向かってケンカをしかけることもしばしば。興奮していると、蹴りが飛んでくるので要注意。B 昼間はのんびりお休みタイム。ゆったりとした姿に癒されます。C ちょっと眠そう。でも突然周囲に攻撃することも多いので、こんな顔の時も油断できません。D 麻袋をもってどうするの？　やっぱりケンカ相手に見立てているようです。

踊っているようなひょうきんなポーズでもマッチは真剣のよう。スキがあるようでない構え。そんなつもりでポーズをとっているのかもしれません。

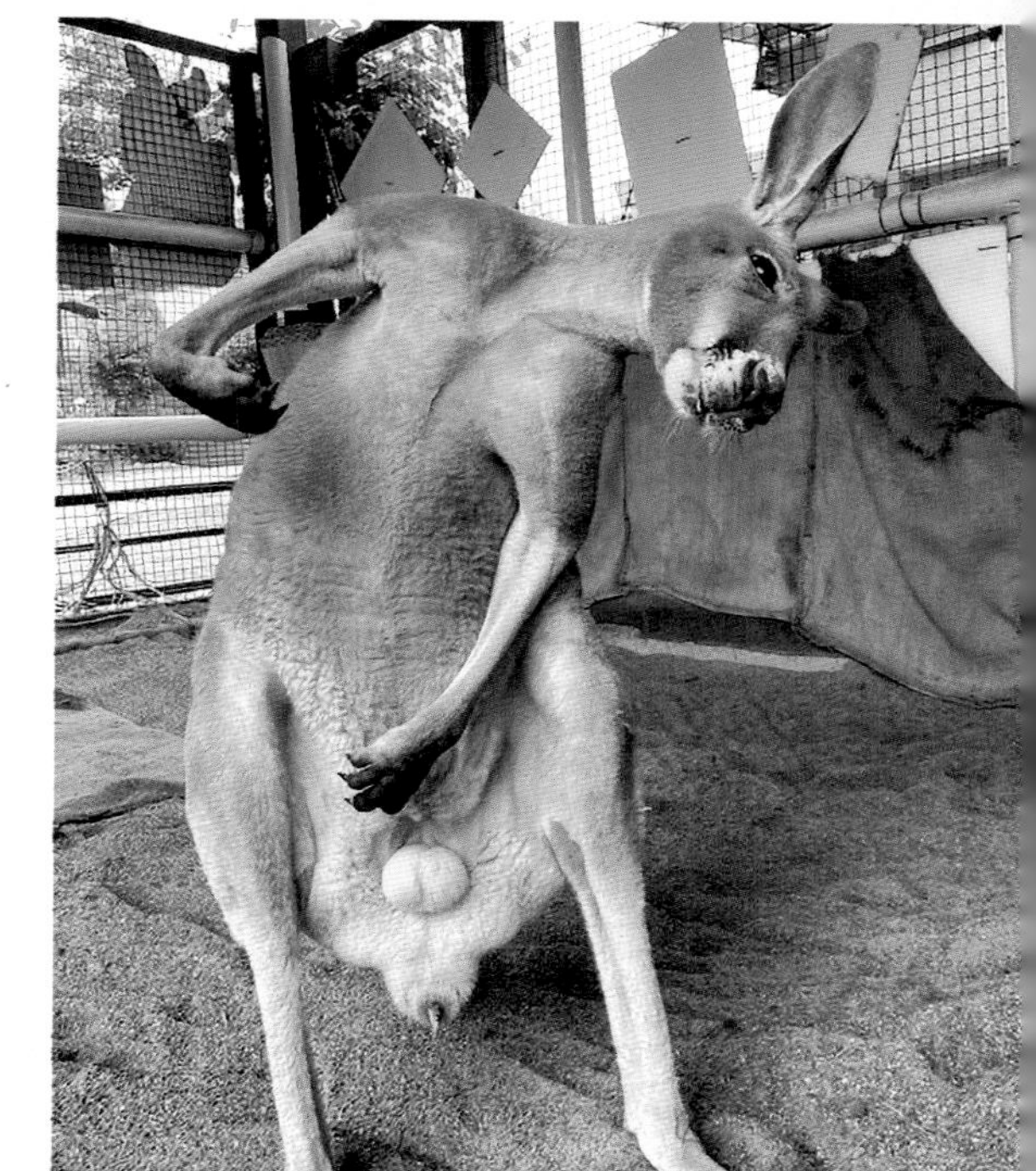

マッチ DATA

性格｜好戦的
特技｜闘うこと
好物｜—

写真提供（p98-101）：須坂市動物園

手探りエサ探しのプロ

オト

アライグマ

哺乳綱食肉目
アライグマ科
－／♂

立ち上がると自然と前足が上がりバンザイしているみたいになります。そのポーズでエサのバケツをチェック。

繊細な食いしん坊

未桜

ベンガルトラ

哺乳綱食肉目
ネコ科
－／♀

インドの森林地帯を中心に分布するベンガルトラ。食事タイムには通路をダッシュし、エサのある寝室に飛びこんでくるグルメレディです。

足までもふもふの雪だるまのようなフォルム。黄色いガラス玉をはめ込んだようなくりくりの瞳に見とれてしまいそう。

拝みたくなる?
ほわほわの
お地蔵フォルム

ムース

シロフクロウ

鳥綱フクロウ目
フクロウ科
－／♂

北極圏に生息するシロフクロウ。ムースは 2022 年、同園の顔として選挙で選ばれる「動物代表」を務めた人気者です。パートナーのチップにエサをプレゼントする求愛給餌ではラブラブぶりも披露。ひなも誕生しています。

世界最大のネズミ類のボディはゴワゴワの毛で覆われています。撫でてもらうことや水浴び、泥浴びなどが好きで、1頭撫でると他の子も続々と寄ってきます。15時頃のエサの時間には「キュルキュル」と甘えた鳴き声が聞けます。

姉弟そろって
撫でられ好き

鏡（きょう）& 鎮（しず）

カピバラ

哺乳類げっ歯目
テンジクネズミ科
鏡▶－／♀　鎮▶－／♂

大きめの頭に何を考えているのかとらえにくい表情。穏やかで、ほかの動物たちと一緒に過ごすのも得意です。

おしりフリフリで行進

てんぷら

プレーリードッグ

哺乳綱げっ歯目
リス科
－／♀

ずんぐりむっくりした体型で後ろ姿に味があります。苦手な冬には親兄弟たちとギュッと固まって過ごします。

ちっちゃな冒険家

バニラ

トカラヤギ

哺乳綱偶蹄目
ウシ科
－／♀

トカラ列島などで飼育され、雌雄共に角があるトカラヤギ。バニラは好奇心旺盛で、お母さんと追いかけっこをしたり、高いところや飼育員さんの背中に乗るのが好き。

野生味あふれるけれど女性にはちょっと弱い？

シートン

シンリンオオカミ

哺乳綱食肉目イヌ科
2010年4月11日／♂

アメリカやカナダの森林やツンドラ地帯に住むシンリンオオカミは、イヌ科最大の動物。体長1m前後、体重は40～50kgにもなり、オスとメスは安定したペアを築いて暮らします。

同園のペア、シートンとノンノの関係は、完全にノンノが上位。「オオカミにお肉をあげようガイド」では、ノンノがほとんど食べてしまいます。ノンノの目を盗んで近づくシートンですが、ノンノに吠えて怒られシュン。最近では最初からあきらめがちだとか。

夕方寝室に入る時もノンノが先。シートンがノンノの前をさえぎると怒られてしまいます。シュンとしてさびしげな姿を見ている飼育員さんたちは応援したくなるのだとか。
でも大好きな水遊びをする時はイキイキとして楽しそう。縄張り意識が強く、一生懸命マーキングし、あちこちにおいを確認するなど、オスとして頑張っています。

林の傾斜地にある獣舎は野生味あふれる環境。洞穴をもぐるとガラス越しにオオカミを観察でき、運がよければ至近距離での対面も。

A B 暑さは苦手だけれど寒いのはへっちゃら。雪の上でも平気で過ごします。C 水遊びが大好きで、水入れの中身をこぼしながらくわえて遠くに運んだり、顔くらいの大きさの水入れに水を入れると水を繰り返しかき出して、何度も空にしてしまいます。D 怒られてばかりでもノンノが好きみたい。冷たい雪の上でも一緒に丸まっています。

自然のままが感じられる獣舎。

シートン DATA

性格｜優しい、慎重
特技｜マーキング
好物｜馬肉

写真提供（p102-105）：富山市ファミリーパーク

シュッとした顔に
パッチリお目めの美人

アオイ

ホンドギツネ

哺乳綱食肉目イヌ科
2016年4月21日／♀

寝室にいる時名前を呼ぶと、ジャンプして小窓から顔を出すのがかわいらしい。顔まわりや爪のチェックもできるいい日課です。飼育員さんによって態度を変え、新人さんには塩対応というツンデレな一面も。

たくましい姿の寂しがり屋さん

将馬（しょうま）

野間馬

哺乳綱奇蹄目ウマ科
2008年5月21日／♂

日本在来馬の一種。野間馬は愛媛県今治市で江戸以前から飼育され、小柄ですが荷物運びや農耕に活躍しました。将馬は仲間の海（かい）と離れると鳴いてしまう寂しがり屋。毎年の開園時（3月中旬）には入園者の出迎え役も務めます。

芦毛と呼ばれる毛色で、白から灰色の毛と黒っぽい肌が特徴です。歳をとるごとに白くなっていき、今ではかなり白っぽくなりました。

ソックリな兄弟は
日本最大のワシタカ類

嵐 & 吹雪

オオワシ

鳥綱タカ目タカ科
嵐▶ 2012 年 4 月 4 日／♂
吹雪▶ 2012 年 4 月 4 日／♂

止まっている姿も精悍ですが、大きな翼を広げた迫力をぜひ実際に見ていってみて。

海の近くに住み主に魚を食べる海ワシです。日本に生息するワシタカ類では最大で、翼を広げると 2m 以上にもなります。いつも一緒に巣台にいるほど仲のいい兄弟ですが、エサの時は取り合いをしています。

群れの関係性に注目

—

オキナインコ

鳥綱インコ目
インコ科

オスメス 13 羽の群れでは、常にペアでいる個体や 1 羽で過ごす個体などいろいろ。気が強く、飼育員さんが掃除に入ると大声で鳴いてきます。

子育ては愛情深く

ハッサク

オリイオオコウモリ

哺乳綱翼手目
オオコウモリ科
2015 年 4 月 11 日／♀

子育て中は常におなかに子どもを抱いています。2 回目の出産で、2 年前の子どもが出産に協力する姿は、オリイオオコウモリの愛情深さを感じさせる感動的なものでした。

唯一のオスとして しっかり見張ります

かいと

オグロプレーリードッグ

哺乳綱げっ歯目リス科
2019年／♂

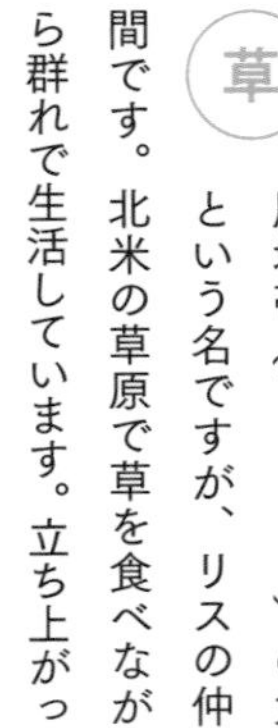

草原地帯（プレーリー）の犬という名ですが、リスの仲間です。北米の草原で草を食べながら群れで生活しています。立ち上がって見張りをする姿がトレードマーク。

かいとは同園のプレーリーの群れの中で1匹だけのオスです。そういうとボスっぽいイメージですが、かいとはちょっとぼんやりした性格で、見張り台で見張りをしながらウトウトしたり、メスに「遊ぼう！」とタックルされてひっくりかえったり、ちょっと頼りなく感じるような……。

でもある日、飼育員さんが目撃したのは、メス同士のケンカに負けたメスをなぐさめるかいとの姿でした。負けたメスのところに行って、挨拶のキスをしたのです。夕方、他のプレーリーたちが巣穴に帰った後も見張り台にいるかいとは、ちゃんとオスの役割を果たしているようです。

飼育員さんの長靴や掃除道具にまとわりついたり、掃除が終わって呼ぶと膝に乗って「撫でて」アピールをしたり、脇に顔をうずめたり。甘え上手でもあります。

かいと（左）とレイナ。もこもこの後ろ姿がチャームポイント。特に冬毛の時には思わず手を伸ばしたくなります。

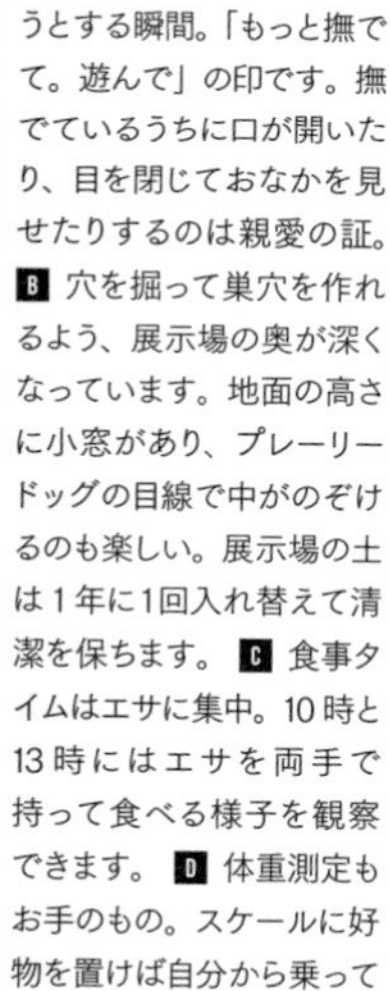

A 飼育員さんに飛びつこうとする瞬間。「もっと撫でて。遊んで」の印です。撫でているうちに口が開いたり、目を閉じておなかを見せたりするのは親愛の証。B 穴を掘って巣穴を作れるよう、展示場の奥が深くなっています。地面の高さに小窓があり、プレーリードッグの目線で中がのぞけるのも楽しい。展示場の土は1年に1回入れ替えて清潔を保ちます。C 食事タイムはエサに集中。10時と13時にはエサを両手で持って食べる様子を観察できます。D 体重測定もお手のもの。スケールに好物を置けば自分から乗ってきてくれます。

かいと DATA

性格 | ちょっとぼんやり
特技 | 見張り、撫でてアピール
好物 | クローバーの葉

写真提供（p106-109）：足羽山公園遊園地

ピンと立った耳と黒い鼻がチャームポイント。もふもふぷりぷりのおしりは実物で確かめて。

A エサがほしい時は前足でちょいちょいとさいそくしてきます。見た目からは意外なほど身軽で、エサの時間には華麗なジャンプで柵を乗り越え走ってきます。B もこもこ毛皮のおかげで寒さに負けません。C じゃれて興奮すると頭突きをしてきます。わたげは遊びのつもりでも、突かれるほうはけっこう痛い……。

こわいもの知らずで自信満々

わたげ

ヒツジ（チェビオット種）

哺乳綱偶蹄目ウシ科
2020年3月10日／♂

とにかく元気で人が大好き。でも厳しい先輩のロバやポニーとはちょっと距離をとっています。インコ舎に入ってインコに鼻をかじられたり、斜面を転がり落ちたり、目が離せない？

担当の飼育員さんとは毎朝一緒に散歩する仲。飼育員さんにとっても癒しの時間ですが、大好物のどんぐりが落ちていると、ついてこないでずっと食べていることも。他の動物舎の掃除をじゃまして怒られたりもするけれど、飼育員さんたちにも人気のわたげです。

エサの合図に
スキップで反応

チロル &
トッポ etc.

モルモット

哺乳綱げっ歯目
テンジクネズミ科

模様や毛並みがバラバラなので、誰が誰かすぐわかります。お客さんも名前の表を見ながら判別して呼んでくれます。

上の写真はチロル（左）とトッポ。人が立ち上がっただけで飛び上がってびっくりするほど繊細。でもエサの合図にはもちろん、冷蔵庫の開閉音、袋をガサガサいわせる音を聞きつけて、スキップみたいなごきげんな足取りでかけ寄り、キラキラ目で「キュイー」とおねだり。

なんでも覚えちゃう

あまちゃん

キホオボウシインコ

鳥綱オウム目
インコ科
2013 年 6 月 20 日／ー

おしゃべり上手。触れ合いタイムの最後に「おうち帰ろっか」と呼びかけていたら、帰りたくなると自分から言うようになりました。

寝室前で整列

あじさい &
やまと &らいむ

カピバラ

哺乳綱げっ歯目
テンジクネズミ科
あじさい▶2018 年 2 月 18 日／♀
やまと▶2018 年 2 月 18 日／♂
らいむ▶2018 年 3 月 3 日／♀

前から、らいむ、あじさい、やまと。水の中とエサ、撫でられることが好き。撫でられると気持ちよくて毛が逆立ちますが、手を伸ばしただけでフライング逆立ちも。

Category

05

KANSAI

関西

05 神戸市立王子動物園

P130

六甲山麓に広がる自然豊かな動物園。キリン、コアラ、アジアゾウなど、約130種750点の動物たちと出会えます。「動物科学資料館」、異人館「旧ハンター住宅」も園内にあり、子供から大人まで1日楽しく過ごせます。

住所●兵庫県神戸市灘区王子町 3-1　**電話**●078-861-5624　**開園**●3～10月／9:00～17:00、11～2月／～16:30（入園は閉園30分前まで）　**休み**●水（祝日の場合は開園）　**料金**●小人無料、大人600円ほか　**駅**●阪急神戸線王子公園駅から徒歩3分　**HP**●https://www.kobe-ojizoo.jp

06 姫路市立動物園

P134

姫路城の敷地内に立地する同園は「お城の中の動物園」として親しまれます。人気は公開トレーニングとして行うハリスホークのフライトショー。体のハートマークで有名なアミメキリンのコウスケにも会えます。

住所●兵庫県姫路市本町68 姫路城東側　**電話**●079-284-3636　**開園**●9:00～17:00（入園は閉園30分前まで）　**休み**●無休　**料金**●小人無料～30円、大人210円ほか　**駅**●JR各線・山陽電鉄本線姫路駅から徒歩15分　**HP**●https://www.city.himeji.lg.jp/dobutuen

07 サファリリゾート姫路セントラルパーク

P138

野生に近い状態で暮らしているライオンやトラのすぐ近くを、車やバスで通るのはドキドキ。ゴンドラから見下ろすサファリも感動ものです。ホワイトライオンと触れ合ったり広い園内でのんびりしたり、過ごし方はいろいろ。

住所●兵庫県姫路市豊富町神谷1434　**電話**●079-264-1611　**開園**●10:00～17:00（季節によって変動、入園は閉園1時間前まで）　**休み**●水（変更あり）　**料金**●小人無料～4000円、大人3600円～ほか　**駅**●JR姫路駅から神姫バス、姫路セントラルパークバス停下車すぐ　**HP**●https://www.central-park.co.jp/

08 淡路ファームパーク イングランドの丘

P144

淡路島の自然を活かし、イギリスの湖水地方をイメージして作られた公園。「イングランド」と「グリーンヒル」のエリアに分かかれ、コアラやヒツジなど動物の見学やふれ合いのほか、農業体験や植物鑑賞も楽しめます。

住所●兵庫県南あわじ市八木養宜上1401　**電話**●0799-43-2626　**開園**●9:30～17:00、4～9月の土日祝／～17:30（入園は閉園の30分前まで）　**休み**●HPを確認　**料金**●小人無料～200円、大人1000円　**駅**●JR神戸線舞子駅から洲本高速バスセンターまで60分、洲本高速バスセンターから路線バス、イングランドの丘下車徒歩1分　**HP**●https://www.england-hill.com

ZOO DATA

01 京都市動物園

P112

1903年にオープンし、日本で2番目に長い歴史を持つ動物園。6つのエリアから構成され、ニシゴリラの樹上生活などが観察できる「ゴリラのおうち」や、アジアゾウの群れが見られる「ゾウの森」が見どころです。

住所●京都府京都市左京区岡崎法勝寺町 岡崎公園内　**電話**●075-771-0210　**開園**●3～11月／9:00～17:00､12～2月／～16:30（入園は閉園30分前まで）　**休み**●月（祝日の場合は翌平日）　**料金**●小人無料、大人750円ほか　**駅**●京都市営地下鉄東西線蹴上駅から徒歩7分　**HP**●https://www5.city.kyoto.jp/zoo

03 天王寺動物園

P120

1915年にオープンした大阪の動物園。動物の生息地の景観を可能な限り再現した展示が特徴で､国内で唯一飼育するキーウィや寝相がSNSで話題のマレーグマなど約180種1000点の生きものが暮らしています。

住所●大阪府大阪市天王寺区茶臼山町1-108　**電話**●06-6771-8401　**開園**●9:30～17:30（入園は閉園1時間前まで）　**休み**●月（祝休日の場合は翌日）　**料金**●小人無料～200円、大人500円ほか　**駅**●Osaka Metro 堺筋線・御堂筋線動物園前駅、堺筋線恵美須町駅、御堂筋線・谷町線・JR各線天王寺駅から徒歩10分　**HP**●https://www.tennojizoo.jp

02 五月山動物園

P116

標高約315mの五月山の裾に立地する同園は「世界一ハートのある動物園」がコンセプト。ずんぐり体形のウォンバットやモフモフのアルパカなど癒やしの動物が多く集まり、まさにハートフルな雰囲気です。

住所●大阪府池田市綾羽2-5-33　**電話**●072-753-2813　**開園**●9:15～16:45　**休み**●火（祝日の場合は翌平日）　**料金**●無料　**駅**●阪急宝塚本線池田駅から阪急バス、五月山公園大広寺バス停下車徒歩3分　**HP**●https://satsukiyamazoo.com

04 神戸どうぶつ王国

P126

年間を通して1000種の花々が咲き誇り、150種800頭の動物が共存する動植物園。世界最古のネコ・マヌルネコや長いしっぽが特徴のビントロング、アメリカクロクマの双子など世界中の動物が集まっています。

住所●兵庫県神戸市中央区港島南町7-1-9　**電話**●078-302-8899　**開園**●10:00～16:00、土・日・祝／～17:00（入園は閉園30分前まで）　**休み**●木（祝の場合は開園）　**料金**●小人無料～2200円、大人2200円ほか　**駅**●神戸新交通ポートアイランド線計算科学センター駅（神戸どうぶつ王国・「富岳」前）駅下車すぐ　**HP**●https://www.kobe-oukoku.com/

姫路市立動物園、五月山動物園
撮影：阪田真一

京都市動物園

京都府京都市

額のたてじまはツシマヤマネコの特徴のひとつ。丸く小さめの耳の後ろには、イエネコにはない白い斑点があります。

全身が灰褐色や赤茶色のまざった、はっきりしない模様。野生の環境にとけこみやすい保護色です。

ツシマヤマネコはその名の通り、長崎県対馬に生息する野生のネコです。日本が大陸と地続きだったころに渡ってきた、ベンガルヤマネコの亜種と考えられています。環境省が発表するレッドリストでは、最も絶滅のおそれが高い生もののひとつとされ、保護活動や繁殖の試みが続けられています。

見た目は大きめのイエネコのようですが、顔が小さめ、ちょっと胴長短足気味です。ネズミなど小さい動物、鳥など、肉食でいろいろなものを食べています。

見守り理解することで
貴重な命の輪をつなぐ

キイチ

ツシマヤマネコ

哺乳綱食肉目ネコ科

2007年5月9日／♂

A B キイチは歳をとっていることもありますが、ネコ科の動物らしくムダなエネルギーは使いません。人目につきにくいところで静かにしていることが多いので、見つからない時はご容赦を。C 足が短めの個体が多いけれど、キイチは一般的なイエネコに近い体型です。写真では見えない尻尾は太くて立派。D エサを与える時に合わせて、不定期でトレーニングを行っています。じっくり観察できる貴重なチャンスなので、出会えたらお見逃しなく。

警戒心が強い種ですが、同園のキイチは少し天然。エサを目がけて走ってきては、自分からやってきたクセに近くにいる飼育員さんに驚いて威嚇（いかく）することもあります。グラウンドに置いてある青い箱に隠れていることが多いですが、耳だけピョコッと出ています。

ネコは歳をとると腎臓機能が低下することが多く、キイチもその傾向が。大好きなマウスや馬肉の他、腎臓の機能をサポートするフードも与えています。エサの時間は決まっていませんが、見かけたら観察してみてください。

キイチ DATA

性格｜少し天然
特技｜隠れること
好物｜マウス、馬肉

撮影（P112-115）：阪田真一

長い手足で軽々と体重を支えます。木の葉を食べるだけでなく、木の枝を遊び道具にもします。

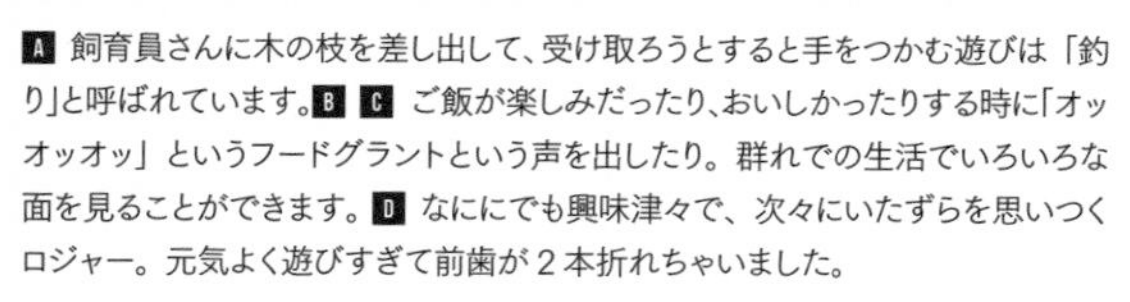

A 飼育員さんに木の枝を差し出して、受け取ろうとすると手をつかむ遊びは「釣り」と呼ばれています。B C ご飯が楽しみだったり、おいしかったりする時に「オッオッオッ」というフードグラントという声を出したり。群れでの生活でいろいろな面を見ることができます。D なににでも興味津々で、次々にいたずらを思いつくロジャー。元気よく遊びすぎて前歯が2本折れちゃいました。

ゲラゲラ笑って ケンカをして仲直り

ロジャーetc.

チンパンジー

哺乳綱霊長目ヒト科

2018年6月13日／♂

チンパンジーはとても感情豊かな生きものです。現在6頭のチンパンジーが暮らしている同園。よく観察するとそれぞれの関係性や、親世代と子世代の結びつきなどを垣間見ることができます。

オスたちは、よく追いかけっこやレスリングで遊びます。大人たちもゲラゲラ笑いながらふざけあいます。電車のように連結して歩き回ったり、おしり同士をくっつけて連結していたり。突然もめて仲直りしたり、楽しそうな様子にお客さんも笑顔になります。

野生的でおこりんぼう ネコパンチも繰り出す

ロキ

ヨーロッパオオヤマネコ

哺乳綱食肉目ネコ科
2017年5月17日／♂

ピンと立った耳の上の毛が特徴的。細かなドットを散りばめた美しい毛並みは、夏毛と冬毛で様子が変わります。

シベリアに住むため冬には足の裏まで毛がフサフサに。堂々とした体としなやかな身のこなしに見入ってしまいそう。飼育員さんにも気を許さない野生味あふれるロキにはハヅキとの繁殖が期待されています。

プールに大はしゃぎ　一緒だと楽しいね

—

アジアゾウ

哺乳綱長鼻目ゾウ科

長い鼻は伸びた鼻と上の唇に筋肉がついたもの。遊ぶにもエサを食べるにもケンカをするにも、とにかくよく動きます。

5頭のゾウが野生と同じように、仲間との共同生活をしています。ゾウ同士のきずなは深く、長い鼻をからめあったり、プールで沈めっこをしたり。同園では、ゾウの魅力を伝えるためのイベントも行っています。

つぶらな瞳でむっくり
攻撃も防御もおしりで

フク&コウ

ヒメウォンバット

哺乳綱双前歯目ウォンバット科
フク▶2004年10月／♂
コウ▶2016年1月／♂

コアラの仲間であるウォンバットに会えるのは国内で2園だけ。国内で初めて飼育下での繁殖に成功した同園で、現在会えるウォンバットは4頭。1989年生まれのワインは飼育下で最高齢の記録を更新しています。

2007年、オーストラリアから来園したフクは気が強いけれど、飼育員さんに撫でてもらいたがる甘えん坊。2017年に来たコウは好奇心旺盛で活発な性格。2頭ともおもちゃや落ち葉、穴掘りなどで遊ぶのが大好きです。

行性で昼間は巣穴で過ごすため、動きが活発になるのは夕方からです。穏やかでふだんはのんびりしていますが、本気で走ると時速40㎞という速さ。敵におそわれると巣穴に頭を突っ込み、少しくらいかまれても平気、それどころか相手の牙を砕くほど硬く頑丈なおしりでガードします。

野生では木や草の根、樹皮などを食べています。同園では青草、野菜や果物、パンなどいろいろなエサを与えていますが、ニンジンはみんな揃って好きじゃありません。

A B コウは顔のパーツがやや寄り気味？ 小柄ですが元気はつらつ。パートナーのユキと一緒に来園したコウ。単独行動が基本のため部屋は分けています。
C D フクは優しく穏やかな甘えん坊。穴掘りの習性に合わせて寝室や遊び場は砂場になっています。穴を掘って隣の部屋に行かないよう、個別の寝室は地中もコンクリートで仕切ってあります。

好奇心旺盛なコウは、隣にいるオーストラリアつながりのワラビーのことも気になります。生息地の環境を考え、いずれは混合飼育の機会もあるかも。

フク&コウ DATA

性格｜人なつこい
特技｜穴掘り
好物｜サツマイモ、青草

写真提供（p116-119）：五月山動物園

髪型（?）が整っている時は目の周りの毛が短いのがわかります。他のウサギたちよりも体が小さめで幼い印象。

A 穴を掘ったり狭いところに潜ったりするのが好き。よく顔周りにいろいろなものをつけています。砂場でテンションが上がることも。B 夏は全身の毛が少しスッキリ。でもタテガミのような顔周りの毛は残りライオンウサギと呼ばれる種類の特徴がよくわかります。C 硬いものを食べるために便利な縦に割れた口もとは野生のなごり。

モフモフで顔が見えない
愛されキャラのちびっ子

キャラメル

ウサギ（ライオンドワーフ）

哺乳綱ウサギ目ウサギ科
2021年2月／♀

ふれあい広場で大人気のウサギたち。8頭いるウサギはそれぞれ愛らしくファンもいますが、1番人気と噂なのがキャラメルです。

人気の理由はフワフワの長毛。全身を覆うグレーの毛は、特に冬になるとモフモフ感を増します。毛の奥からのぞくつぶらな瞳に心奪われるお客さんが続出。しかも他のウサギにもかわいがられているらしいとか。長い青草をずっとモグモグしていたり、積もった落ち葉に潜ってはしゃいだり。むじゃきな愛されキャラなのです。

触れ合いの経験を積んで
子どもが大好き

ロッキー

ポニー（シェトランド）

哺乳綱奇蹄目ウマ科
2004年4月／♂

白いたてがみがロッキーの目印。ポニーとは特定の馬の種類ではなく、小型タイプの馬の呼び名です。

北海道で生まれ、淡路島の牧場で育ったロッキー。個人のお宅に引き取られ、幼稚園や高齢者施設で触れ合いボランティアも。動物園で暮らす今は、大好きな子どもや他の動物と一緒に過ごせてうれしそう。口を開けて昼寝をするなど、のんびりした性格です。

新入りにもおおらかな頼れる先輩

カノン

アカクビワラビー

哺乳綱カンガルー目カンガルー科
2015年8月24日／♀

体の色が赤っぽく、ちょっとぽっちゃりしています。お客さんの近くに最初に寄ってきてくれる確率が高め。

ワラビーは小型のカンガルー。カノンは新しいワラビーがやってくると積極的にコミュニケーションをとって仲間になじませてくれます。青草も飼育員さんが細かく刻んでくれる野菜や果物のミックスも、前足で上手につかんでおいしそうにモグモグ。

天王寺動物園
大阪府大阪市

鎌のように曲がった鋭い爪は木登りに役立ちます。足の裏には毛がありません。

おっさん風で話題になった
世界最小のクマ

マーサ

マレーグマ

哺乳綱食肉目クマ科
2008年6月26日／♀

くりっとしたまんまるな目、鼻穴のピンクが目立つ愛嬌のある鼻がかわいらしいマーサ。マレーグマは視力があまりよくなく臭覚に頼ることが多いそう。

ミャンマーやボルネオなど暖かい地域が故郷で、毛は短く冬眠の習慣はありません。体長は100〜150㎝、体重は30〜70kg程度という世界最小のクマです。野生では雑食でクマとしては比較的穏やか。

木の上で過ごす時間が長いため、限られた展示場でも木や岩場など高いところに登って過ごせる環境で暮らしています。さらに展示場のあちこちにフィーダー（給餌器）を設置。マーサがエサを探して運動をしたり、頭を使ったりできる工夫をしています。

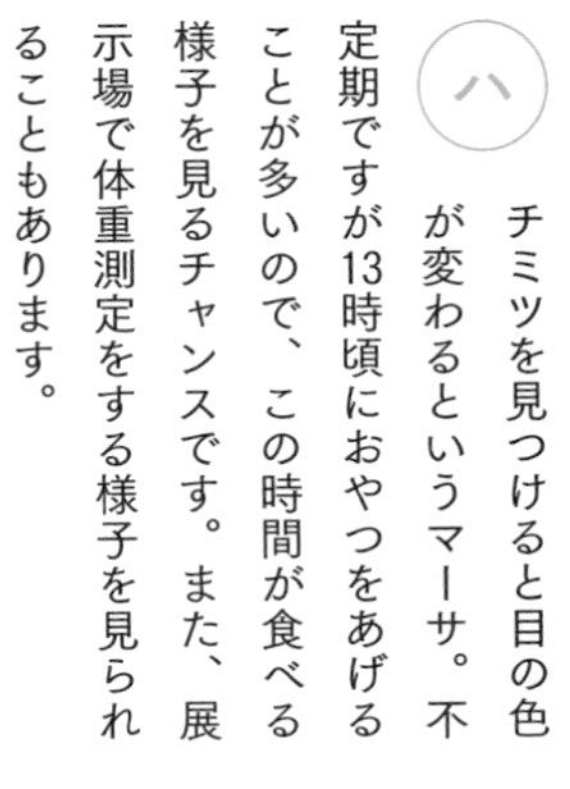

ハチミツを見つけると目の色が変わるというマーサ。不定期ですが13時頃におやつをあげることが多いので、この時間が食べる様子を見るチャンスです。また、展示場で体重測定をする様子を見られることもあります。

地面にあおむけになって4本足を宙に向け、フィーダーからエサを出そうと頑張る。長い舌を使って穴の中のエサを上手に出してほおばる。そんな一生懸命な行動を見ていると、動物の能力や、本来の生活を尊重することの大切さを感じます。

マーサ DATA

性格｜人なつこい
特技｜木登り
好物｜ハチミツ、リンゴ

A 体勢によって腰のあたりにシワができるのもチェックポイント。飼育員さんがいろいろ工夫をしてフィーダーを設置しますが、マーサはすぐに攻略してしまいます。**B** かむ力は強力で、野生では硬い木の実や果物もムシャムシャ。舌の長さは25cmほどもあり、小さな穴からもエサを取り出せます。**C** お昼寝姿もおなじみです。写真は動物っぽいけれど、人間のおじさんっぽい寝方や仕草を見せることも多く、楽しみにしているお客さんも。**D** 遊びにエサ探しに一生懸命。必死感が伝わり、応援したくなります。

写真提供（p120-125）：天王寺動物園
撮影：阪田真一

小顔で目がクリクリ、毛はフワフワ。おなかの白さは実際にチェックしてみてください。

飼育員さんもいちもく置く気品とサービス精神

マリー

ピューマ

哺乳綱食肉目ネコ科

2007年5月／♀

マリーは2021年に同園にやってきた時に14歳と、すでに高齢でした。環境が変わることでストレスがかからないかと心配されましたが、すぐに慣れて安心させてくれたとか。機嫌の良い時は飼育員さんの声かけに返事をしたり、展示場のガラス面に顔をこすりつけて甘えたりしてくることもあります。

飼育員さんから「マリーさん」と呼ばれる独特のオーラ、お客さんからも美人と言われる美しい顔立ちのマリー。

運動量を増やすための遊具や、おもちゃのボールで遊ぶ姿、ネコのような仕草。若い頃は塩対応だったようですが、同園ではお客さんに近づいていくサービス精神も発揮していました。
ただ最近はちょっと体調を崩すこともあり、お気に入りの箱の中で寝る時間が増えました。飼育員さんはマリーの体調を第一に考え、注意深く見守ってケアをしています。体調が安定している時は、大好きな日光浴ができる展示場と寝室を自由に行き来してゆったり気ままに過ごしています。

A 擬岩を設け、隠れたり高いところからお客さんを見渡したり、自然の木やワラなどを枕や敷布団にできるような工夫も。B 首をかかれることが好きで、専用の棒を見せると「ここをかいて」といわんばかりに寝転がります。C 日中は寝ていることが多いけれど、寝姿だってとっても絵になるのです。

マリーDATA

性格｜サービス精神旺盛
好物｜肉（馬、牛、鶏）

他の兄弟姉妹と比べて白っぽく美しい毛並み、傷のない顔がメラの特徴です。

A B 同園では7つ子が生まれたこともあり、増減はあるものの 10 頭前後の群れで飼育することが続いています。コミュニケーションのひとつに遠吠えがあります。声は1頭ごとに違い、互いにしっかり聞き分けています。コミュニケーション上手なメラは体が大きいわけではありませんが、リーダーとして群れをまとめています。C 毛のはえかわりのため、夏と冬では姿がかなり変わります。写真は夏毛の時。D しつこくちょっかいをかけられたりすると、ちょっとムッとすることもありますが、基本的には穏やかなメラ。

兄弟姉妹の群れを束ねる
スマートな女リーダー

メラ

チュウゴクオオカミ

哺乳綱食肉目イヌ科
2010年4月／♀

チベットオオカミの別名をもち、ロシアからインドまで広く生息します。他のオオカミと同じように群れでの生活が基本です。同園の群れのリーダーであるメラは協調性があり、展示場では他のチュウゴクオオカミと一緒に寝ているくらい穏やかな生活です。

怒る時は、誰かがおやつを食べすぎた時くらい。以前、群れが落ち着かなかった時は担当の飼育員さんがリーダーの役割をしたそうですが、今はメラのおかげで平和です。

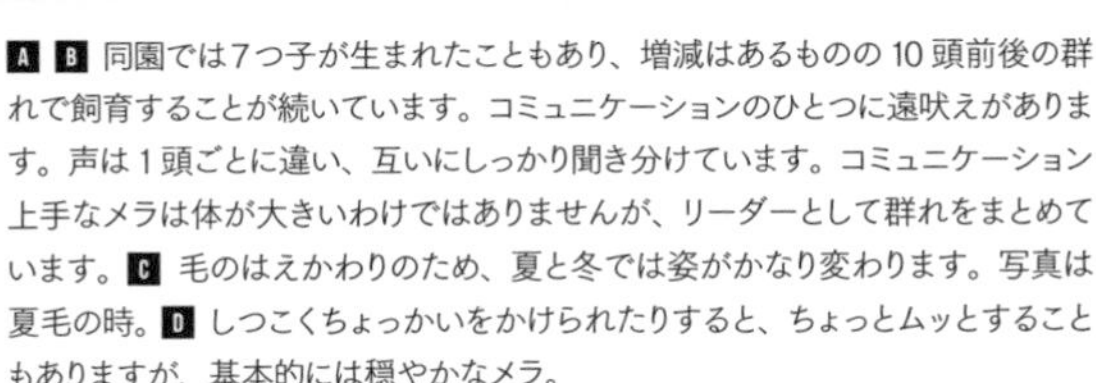

名前の通り穴を掘るのが得意。穴掘り中の土をかき出す様子は真剣そのもの。ふだんは臆病ですが寝ている時は大胆な、にり。展示場内の小屋で仰向けに寝ている様子が見られたら、その安心し切った寝姿に笑ってしまうかもしれません。

飼育員さんが近寄るとにおいを嗅ぎにきます

にり

ニホンアナグマ

哺乳綱食肉目
イタチ科
2007年3月／♂

小さな目と、嗅覚に優れた大きな鼻。においを嗅ぐ時の「フーフー」という大きな鼻息もチャームポイント。

国内で唯一、会える

ジュン

キーウィ

鳥綱キーウィ目
キーウィ科
1982年1月／♂

ニュージーランドの国鳥。ミミズが大好物です。狭い場所が落ち着くようで、水桶の壁の間がお気に入り。

ずっと人の近くにいたい

幸弥（こうや）

キリン

哺乳綱偶蹄目
キリン科
2012年3月／♂

人なつこく、パートナーとも仲良し。水を飲む時や草を食べる時、足が折れそうで心配なほど前足を広げます。

小さな耳ですが平らで狭いところに潜るにもじゃまにならず、周りの音を聞き取りやすい構造です。

キスしたり抱き合ったり 密に触れ合う砂漠の妖精

グンディ

哺乳綱げっ歯目グンディ科

国内の飼育は2つの動物園のみ。世界を見てもヨーロッパの一部のみでしか会えない希少な動物です。チュニジアやリビアなどの砂漠地帯で、岩場や低木のある場所に生きるグンディ。リーダーのオス1匹に複数のメスとその子どもという小さな群れ単位で暮らします。

同園では砂漠に近い環境を保ち、グンディたちが本来の行動をとれるようにしています。砂の上に配置された木や岩の間を駆け回り、草を食べる姿は別名「妖精」を納得させます。

後ろ足の人間でいう親指と人差し指に硬い毛が生えています。この毛をクシのように使って毛づくろいをします。

A B 仲間同士で寄り添っているシーンがおなじみ。天敵の存在を感じると岩の隙間などに逃げ込みます。キスのシーンを見たお客さんからは歓声のような声が上がることも。C 岩にぴったりと体を伏せて暖を取ったり、逆に体を冷やしたり。鋭い爪で岩登りも得意です。D 多くのげっ歯類と同じように、いつも鼻をヒクヒクさせています。

丸っこいボディにつぶらな瞳、短い足に小さな肉球や指というルックスに加え、行動のいじらしさも話題になっています。仲間同士で重なって寝たり、走り回っていたかと思えば、突然顔を見合わせては抱き合ったり、出会い頭にキスするような仕草を見せたり。群れには社会性があるのでケンカが起きることもありますが、基本はみんな仲間。寝ている時間も長いけれど、起きている間はちょこまか動いているので、グンディの前を離れないお客さんがたくさんいます。

DATA

性格｜繊細
特技｜岩登り

写真提供（p126-129）：神戸どうぶつ王国
撮影：鈴本悠

飼育下繁殖を目指し
自然環境を徹底再現

ボンゴ & マリンバ

ハシビロコウ

鳥綱ペリカン目ハシビロコウ科
ボンゴ▶ー／♂
マリンバ▶ー／♀

大きなクチバシに長い足。頭上に飛んで来ると、ちょっとこわがってしまう子どもさんもいるくらいの迫力。

絶滅寸前のハシビロコウは、待ち伏せする狩りのスタイルから「動かない鳥」として話題に。樹木が生い茂り、広々とした池や人工降雨設備も備えた同園では羽ばたいたり、歩き回ったり、大きな口を開けたりと、豊かな表情と行動が観察できます。

ナルがやってきて赤ちゃん誕生が楽しみ

アズ & ナル

マヌルネコ

哺乳綱食肉目ネコ科
アズ▶2019年4月22日／♀
ナル▶ー／♂

起きている時はいつでも丸くくりっとしている瞳孔。目(虹彩)が黄色っぽく見えるのが、2022年にお婿さんとしてやってきたナルです。

アジアの寒い地域に暮らす最古のネコ、マヌルネコの毛はモフモフ。冬毛はさらにボリュームアップします。短い手足をカクカクと動かして獲物に接近する様子、俊敏に岩や倒木をかけめぐる野生的な姿に心つかまれるファンが多数。

頭上スレスレにぶら下がっています

ー

ビントロング

哺乳綱食肉目ジャコウネコ科

しっぽの力だけで20kg近い体重を支えられるほど、尾の筋肉が発達しています。

ふと頭上を見上げると、黒いビントロングがだらりん。樹上でまったり寝ていることも多ければ、目が合うとじっと見つめてくることも多く、ジワジワくる趣があります。背中の臭腺から出すポップコーンのような独特のにおいも特徴。

ネコ科最小の砂漠の天使

ムスタ&バリー

スナネコ

哺乳綱食肉目
ネコ科
ムスタ▶ー／♂
バリー▶ー／♀

子ネコのように見える小さな体と仕草で砂漠の天使と呼ばれるスナネコ。ただし野生味たっぷりで、小さくても意外と過激な性格です。天使らしさと同様に、エサの肉に食いつき、飼育員さんを威嚇する様子もスナネコ本来の姿です。

砂地にとけこむ毛の色、太陽に熱せられた砂から足の裏を守る肉球の毛など、砂漠で暮らしやすい特徴があちこちに。

神戸市立
王子動物園

兵庫県神戸市

人が来るとじっと見つめ、赤ちゃんの時にお世話をしてくれた飼育員さんをよく覚えています。

凛々しい横顔に、丸くてくりっとした目。父親似の濃い黄色の体毛が特徴的です。

シベリアヒョウやチョウセンヒョウとも呼ばれている、絶滅の危険性が極めて高い生きものです。最北の地で生きるヒョウの一亜種で、ヒョウの中では大型な部類に入ります。夜に単独で狩りをするといわれ、草食動物などを捕食します。木登りが得意で、野生では獲物を木の上に引き上げる行動も。

同園生まれのスクは人が好きで愛嬌たっぷりの人気者。特に人工哺育で育ててくれた飼育員さんが来ると檻にすり寄って喜びを表現します。

つぶらな瞳の甘えっ子
おっとりマイペース

スク

アムールヒョウ

哺乳綱食肉目ネコ科
2019年7月29日／♀

3頭で生まれたスクは、その中で一番おっとりさん。お母さんからの乳離れが一番遅く、今でもマイペースな性格をしています。

人工哺育時、兄弟3頭をグラウンドから寝室に戻す時に、2頭は直ぐに戻ってエサを食べていましたが、スクだけが何分待っても戻ってこなかったので仕方なく抱っこして戻していました。それ以来、抱っこして運んでもらうために収容前に扉の前で待つようになってしまったというエピソードも。

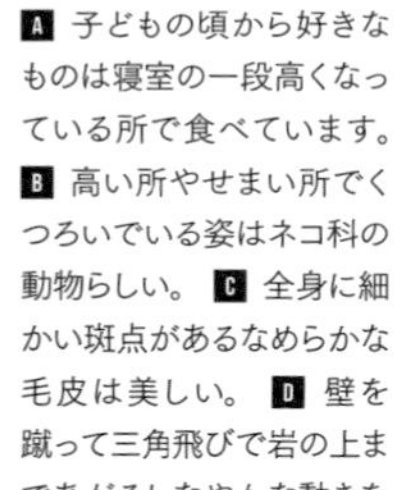

A 子どもの頃から好きなものは寝室の一段高くなっている所で食べています。B 高い所やせまい所でくつろいでいる姿はネコ科の動物らしい。C 全身に細かい斑点があるなめらかな毛皮は美しい。D 壁を蹴って三角飛びで岩の上まであがるしなやかな動きを観察してみて。

全身に見られる保護色としての斑点は、丸ではなく梅の花のような形。他のヒョウに比べて体が大きいアムールヒョウは、斑点も大きめです。

スク DATA

性格	マイペース
特技	三角飛び
好物	馬肉、とりガラ

写真提供（p130-133）：神戸市立王子動物園
撮影：阪田真一

真っ黒に見えるけど、よく見ると（ジャガー）特有の斑点（模様）があります。ネコ科の中では尾はやや短いほうです。

A

B

C

D

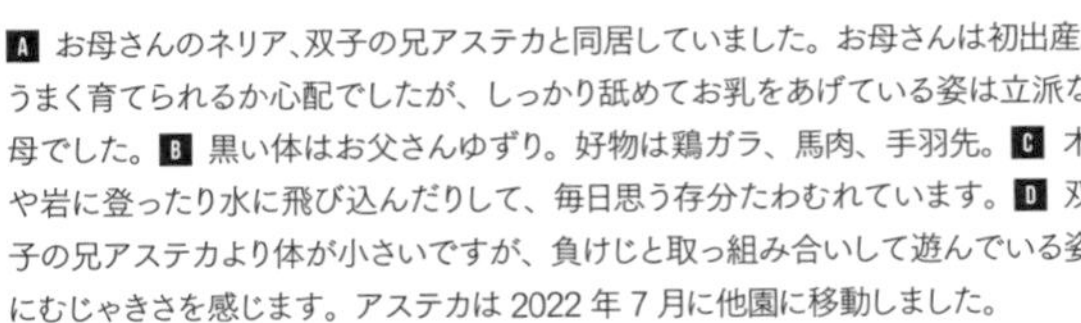
A お母さんのネリア、双子の兄アステカと同居していました。お母さんは初出産。うまく育てられるか心配でしたが、しっかり舐めてお乳をあげている姿は立派な母でした。B 黒い体はお父さんゆずり。好物は鶏ガラ、馬肉、手羽先。C 木や岩に登ったり水に飛び込んだりして、毎日思う存分たわむれています。D 双子の兄アステカより体が小さいですが、負けじと取っ組み合いして遊んでいる姿にむじゃきさを感じます。アステカは2022年7月に他園に移動しました。

ごはんよりも遊ぶの大好き 負けん気の強いおてんば

マヤ

ジャガー

哺乳綱食肉目ネコ科

2021年8月18日／♀

野

生のジャガーは親や兄弟と肉を取り合うなどをしながら狩りを覚えていきます。そのため同居している母親のネリアと双子の兄アステカとエサを取りあって競いあえるように、エサを個別に与えず3頭同時に与えていました。

枝木で遊びだすと夢中になり、収容時間になっても室内に戻りません。やっと戻った時には、すでにエサが残っていないことも。他にも木登りや水遊びなどを楽しむおてんばで、枝木をくわえて壊すのが十八番です。

ショウヘイは人工哺育で育ったためか人が好きなトラになり、近づくと檻越しに寄って来ます。でも。エサを食べている最中に近寄ると、取られてしまうと思うのか吠えられてしまうこともあります。

知らないところは
苦手

ショウヘイ

アムールトラ

哺乳綱食肉目
ネコ科
2019年1月29日／♂

はっきりしたしま模様、小さくて丸い耳に豊かな表情がチャームポイント。

国内のアジアゾウで
最大級

マック

アジアゾウ

哺乳綱長鼻目
ゾウ科
1992年6月13日／♂

食べるのが大好きで食べ方もとっても豪快です。大きなカボチャも足で割ってぱくり。飼育員さんが呼ぶと頭を下げて返事をしてくれます。

バランス感覚抜群

シャイニー

コアラ

哺乳綱有袋目
コアラ科
2021年5月13日／♀

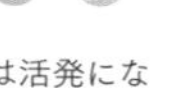

ほとんどの時間は寝ていますが、食事の時間は活発になり、真っ先にユーカリへ。愛嬌をふりまく姿が亡き父を思い出させると、飼育員さんたちの話題になっています。

軟膏を塗られるのが好き？
賢くてちょっと変わってます

ビッキー＆くるる

オタリア

哺乳綱食肉目アシカ科
ビッキー▶ー／♀
くるる▶2020年7月17日／♀

オタリアは南アメリカ出身の、大型のアシカです。頭のいい動物ですが、ビッキーは特に賢い！推定25歳とけっこうな年齢ながら新しいことを覚えるのも得意で、30近くのサインを覚えています。獣舎の鍵を開ける音にも敏感で、サバを見ると目の色が変わるそう。

くるるは元気いっぱいの不思議ちゃん。祖母であるビッキーが気になってガン見しているのも謎だし、とにかく寝相が面白いと評判になっています。

前10～11時、午後14～15時半頃にはトレーニングを兼ねたお食事タイム。同時に体調管理やメンテナンスも行うので、様々な行動を見ることができます。2頭の頑張る姿に応援したくなるはず。おなかがあまり空いていない時、くるるはビッキーにエサをゆずります。遠慮なしにペロリと平らげるビッキーとの対比が見られたらラッキー。エサやり時間の前後は行動も活発になるので、この時間はオタリアの前にじっくり陣取るのもいいでしょう。

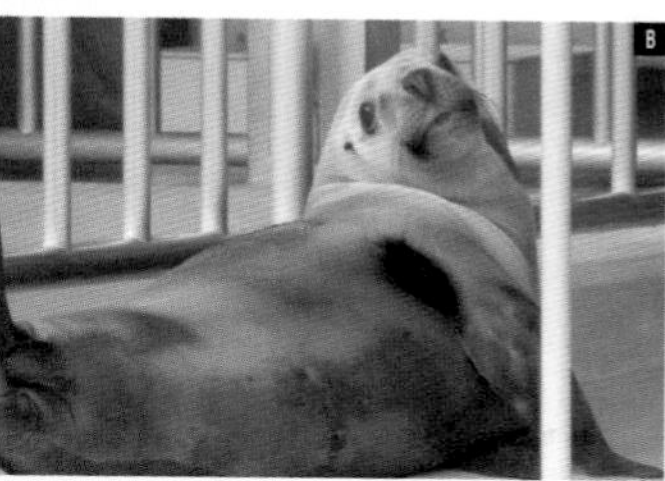

A トレーニングはまだあまりうまくないくるる。いつか祖母であるビッキーに追いつけるでしょうか。B くるるは比較的体の茶色が薄いです。垂れ目気味なので優しい表情に見えますが好奇心は旺盛。でも柵がこわくて通れないという繊細な一面も。C 柵から頭を出して寝ているくるる。お昼寝時間が長いので、くるるの多彩な寝相を観察してみて。D 柵を補強する支柱パイプの上でスヤスヤ昼寝するくるる。

初めての人の指示もよく聞き、トレーニングをサクサクこなすビッキー。目に軟膏を塗ってもらうのが好きという、ちょっと変わったお気に入りがあります。

ビッキー＆くるる DATA

性格	ビッキーは食べるの大好き くるるは好奇心旺盛な繊細さん
特技	ビッキーはトレーニング
好物	ビッキーはサバ くるるは新鮮で大きめのアジ

写真提供（p134-137）：姫路市立動物園

鋭い目つきに鋭い爪。翼を広げると1m以上の立派な体格で、飼育員さんと息の合った姿を見せ、甘える声を聞かせてくれます。

A 飛距離はトレーニングでだんだん伸ばしてきました。鋭く長い爪で、狙い定めた場所に器用に止まります。B 基本的に凛々しい彫が深い顔立ちは、時々ちょっと困ったように見えることも。そんな表情を見られたらラッキー。C どこから撮っても絵になるカッコよさ。国宝・姫路城の優美かつ勇壮なたたずまいとマッチします。

鷹狩り文化の継承を目指し
姫路城をバックに悠然と

千代姫

モモアカノスリ

鳥綱タカ目タカ科

ー／♀

「鷹匠町」の地名が残るほど鷹狩りの文化が根付いていた姫路城下。そんな文化の継承を目指してトレーニングを続けているのが千代姫です。すでに有名な存在となり、毎週日曜日の屋外トレーニングには多くのお客さんが同園を訪れます。

飼育員さんも鷹匠の技術を磨き、今では息の合った合図による堂々たる飛翔を披露。千代姫の鋭い爪から腕を守るぶ厚いグローブをつけ、一直線に飛んできた千代姫を受け止めると、観客からどよめきが起こります。

長いまつ毛のポーカーフェイス

アンドレ＆オスカル

ミナミジサイチョウ

鳥綱サイチョウ目ジサイチョウ科
アンドレ▶♀
オスカル▶♀

真っ黒な体に赤い顔周りが目立ちます。赤い部分には羽毛がなく、赤いのは皮膚の色です。

サバンナに暮らすミナミジサイチョウは、トカゲや昆虫などを食べる大型の鳥。飛行距離は短く、主に地面を歩いて生活します。同園には 2022 年にペアでやって来ました。すぐに慣れて 2 羽一緒に食事をしたり散歩をしたり。タイミングが合えば、エサを上手にキャッチして食べる様子も見られます。

エサに一直線、でも触れ合いも得意です

そうる

アルダブラゾウガメ

爬虫綱カメ目リクガメ科
ー／♂

全長 60㎝、体重 100kg でのっしのっしと闊歩。甲羅に触れてゴツゴツ感に驚くお客さんも。

アルダブラゾウガメの故郷はインド洋。同園ではフルーツと野菜をモリモリ食べ、ウサギのもなかと触れ合ったり、お客さんに甲羅を触られたり。おっとりした性格で訪れる人にゾウガメの魅力を伝えています。

おかっぱのような前髪に、顔にあるX字状の白い模様と真っ白な体毛が特徴的です。

アダックスはふくよかな体型が多いですが、イチミは比較的スマートな体型をしています。

アダックスは砂丘や砂漠に生息している動物です。皮膚は分厚く、強力な直射日光からも身を守ることができます。国内では2園館のみで飼育されており、西日本では姫路セントラルパークだけです。野生下でも絶滅の危険がとても高い希少動物です。

ねじれた栓抜き状のツノが特徴的です。おかっぱのような前髪は実は1頭ずつ髪型が違います。個体によってパーマがかかっていたり、ぱっつんだったりといろいろなので比べてみてください。

格好いいツノが特徴的
絶滅危惧種の希少動物

イチミ

アダックス

哺乳綱偶蹄目ウシ科

2019年12月23日／♂

A 日光浴とその後の昼寝が大好きです。 B C きれいに伸びたツノがカッコいい。
D 大好物の青草を食べています。とても食いしん坊で、おなかが空くと作業車のあとをずっとついてきます。

アダックスを飼育しているセクションは、山岳地帯に生息している動物との混合展示になります。アダックスは平地に生息しているので、平地と山地を作り棲み分けをおこなっています。知名度は高くない動物ですが、目立つ容姿のためか立ち止まって写真を撮っているお客さんが多いのだとか。
イチミは日光浴が大好きで、雨の日は見てわかるほど落ち込みます。日がでている昼間は前足を伸ばし、気持ちよさそうに寝ている姿を見ることができます。

イチミ DATA

性格｜おとなしい
好物｜チモシー（牧草）

写真提供（p138-143）：
サファリリゾート姫路セントラルパーク

灰色～青みがかったような体毛で、英名のブルーシープの由来となっています。胸の体毛が黒いのは立派なオスの証です。

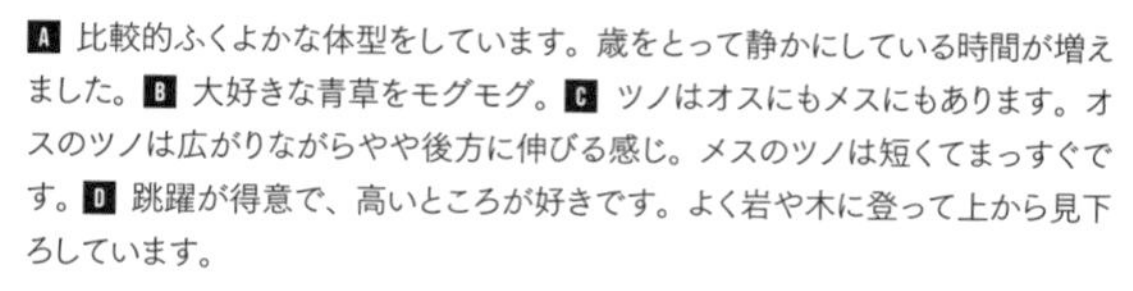

A 比較的ふくよかな体型をしています。歳をとって静かにしている時間が増えました。B 大好きな青草をモグモグ。C ツノはオスにもメスにもあります。オスのツノは広がりながらやや後方に伸びる感じ。メスのツノは短くてまっすぐです。D 跳躍が得意で、高いところが好きです。よく岩や木に登って上から見下ろしています。

胸の黒い体毛は男の証
過酷な山岳地帯に生きる

アッサム

バーラル

哺乳綱偶蹄目ウシ科
2016年5月24日／♂

標 高3000～5000mの高山に暮らすバーラル。国内では数園のみしか飼育されていません。同園では岩や倒木を設置し、起伏のある環境を用意しています。

アッサムは勝ち気な性格で、エサの時間は他の動物を追い払っています。若い頃はかなりの荒ぶれ者でしたが、今は体も心もすっかり丸くなりました。においい付けのためか、時々飼育員さんに顔を擦り付けてきます。冬のバーラルは繁殖期のため、オスは独特なにおいがします。

褐色に見える大きな目に吸い込まれそう。細身で小顔な印象を与える顔をしています。

A 体の黒い斑点が大きくつながり背中は帯状の模様になっていることがキングチーターの特徴です。 B 一般的なチーターよりも黒い部分が多めなので、堂々とした印象を与えるのかもしれません。

名にふさわしく威風堂々 黒い模様が格好いい

ラム

キングチーター

哺乳綱食肉目ネコ科
2018年3月19日／♀

チーターの変異個体であるキングチーター。かつては独立した別種とも考えられていましたが、チーターと同種です。世界的に見てもとても数が少なく、ラムは同園で初となる貴重なキングチーターです。

好奇心旺盛でおてんばな性格。隣のセクションのトラの近くまでフェンス越しに近寄って肝試しをしています。ドライブスルーサファリのチーターセクションで観察することができます。

ケンカでは負けない

ランディ

グレービーシマウマ

哺乳綱奇蹄目
ウマ科
2015年7月13日／♂

耳が大きくて童顔っぽい。他のシマウマに比べて繊細なシマ模様です。ケンカの時は大声でほえながら立ち向かいますが困り顔がかわいいとの噂あり。

クリクリ瞳に長い鼻

オレオ

アカハナグマ

哺乳綱食肉目
アライグマ科
ー／♀

ケージから出すと「撫でて！」と飛び乗ってくる甘えん坊。でも、おなかが空いているとすぐにエサの方に向かう食いしん坊。ぬいぐるみが大好きで両手で抱っこします。

肉球が可愛らしいピンク色をしていて、生えかけのたてがみがチャームポイントです。

食事時には
野生を取り戻す

ルイ

ライオン（ホワイトライオン）

哺乳綱食肉目
ネコ科
2021年7月30日／♂

自発呼吸がなく心拍も弱った状態で帝王切開にて生まれたルイ。スタッフさんが2時間つきっきりで人工呼吸をして命をつなぎました。ボール遊びや水浴び、そして人が大好き。毎日15時頃は元気に遊んでいる姿を見やすい時間帯です。

お顔がとても特徴的

D
チヂミ
ローンアンテロープ

哺乳綱偶蹄目
ウシ科
2016年2月24日／♀

国内では4園館でのみ飼育されています。長く大きな耳と、白と黒のメイクをしたような顔の模様が特徴。

食事は一粒も残さない

C
マチス
シタツンガ

哺乳綱偶蹄目
ウシ科
2020年3月26日／♂

耳が大きく、つぶらな目とまん丸な鼻、長い舌がチャームポイント。最後までご飯を食べています。

きまった前髪の男前

B
ヒナツ
エランド

哺乳綱偶蹄目
ウシ科
2015年6月10日／♂

首にある大きなヒダと、整った前髪、綺麗な瞳が印象的。かなり男前と評判になっています。

野生下では絶滅も

A
ユーマ
シロオリックス

哺乳綱偶蹄目
ウシ科
2020年2月4日／♂

大人は1mほどある大きな湾曲したツノが特徴的。サファリで楽しくステップする好奇心旺盛な子です。

それぞれの愛らしさに推しが選べない

ひまり&こむぎ&わたげ

ヒツジ（コリデール種）

哺乳綱偶蹄目ウシ科
ひまり▶2021年3月12日／♀
こむぎ▶2022年1月4日／♂
わたげ▶2022年2月18日／♀

約40頭のヒツジたちが暮らす「ひつじのくに」。お気に入りのヒツジに会いにきたり、ヒツジたちのいろいろな表情を楽しみたいお客さんで、いつもにぎわっています。

どしゃぶりの寒い日に低体重で生まれたのはひまり。人工哺育で育ったためエサの食べ方を覚えるのが大変でした。他のヒツジが食べる様子を見せたり、小さく砕いたエサを与えたりと、ヒツジとして生きられるようスタッフさん一丸で支えてゆっくり成長してきました。

お母さんの陰に隠れてばかりいた赤ちゃん時代から、成長するにつれて好奇心旺盛になっていったわたげは、広いところに行くと大はしゃぎ。後ろ足を跳ね上げて走る姿は見ている人を笑顔にします。

オスのこむぎは生後３日目から頭突きを覚え、今も飼育員さんと追いかけっこしたりと人が大好き。

日頃からみんな健康管理のために、ハズバンダリートレーニングをしています。ヒツジの調子に合わせて会える個体は変わるので、その日の出会いをお楽しみに。

A B チャームポイントのきれいな目を細めた表情が笑顔みたいなわたげ。 C 生まれた時から冒険家だったこむぎは、お母さんが呼んでも中々帰ってこないことが多かったとか。 D つぶらな瞳とほっぺの毛がほめられるひまり。春のひざしのようにあたたかい子に育つように名付けられ、飼育員さんやお客さんを照らす存在に。

足が長めのわたげ。お母さんが大好きですが、飼育員さんに撫でられてもうれしくて固まってしまいます。

ひまり＆こむぎ＆わたげ DATA

性格｜こむぎは好奇心旺盛
特技｜わたげは後ろ足を跳ね上げて走る
好物｜干し草

写真提供（p144-147）：淡路ファームパークイングランドの丘

ユーカリならなんでもいいわけじゃない。けっこう好みにうるさいのです。

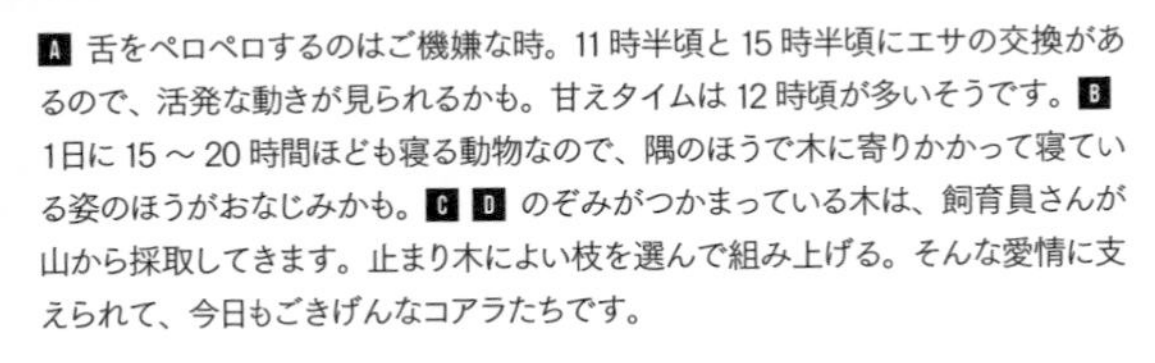
A 舌をペロペロするのはご機嫌な時。11時半頃と15時半頃にエサの交換があるので、活発な動きが見られるかも。甘えタイムは12時頃が多いそうです。B 1日に15～20時間ほども寝る動物なので、隅のほうで木に寄りかかって寝ている姿のほうがおなじみかも。C D のぞみがつかまっている木は、飼育員さんが山から採取してきます。止まり木によい枝を選んで組み上げる。そんな愛情に支えられて、今日もごきげんなコアラたちです。

かわいい顔をして
オスには強気のお嬢さん

のぞみ

コアラ

哺乳綱有袋目コアラ科
ー／♀

コアラの中でも国内で希少な南方系ののぞみ。ツンデレな性格で、甘えたい時は目があうたびに抱っこを求めて手を伸ばしたり見つめたりしてきます。耳周りや胸もとを撫でられると気持ちよさそうに舌をペロペロ。でも負けん気は強くて、ペアリングの時にオスに立ち向かって威嚇する顔はわかりやすくこわいとか。

病気に弱い生きものなので、床材などにも気を使い、元気に暮らし続けられるよう工夫しています。

たくさんの家族で
モフモフお食事

しふぉん etc.

モルモット

哺乳綱げっ歯目テンジクネズミ科
2021 年 3 月

色や模様は様々なので“推し”を見つけてみては。

人が近づくとちょっと緊張してしまうけれど、お昼寝タイムには足を伸ばしてぐっすり。トイレで寝たり、ちりとりの中が好きだったり、エサのお皿の中でくつろいだり、追いかけっこしたり。にぎやかな毎日の中、いろいろな姿を見せてくれます。

似てるけど違うから比べてみてね

ガッツ

ケヅメリクガメ

爬虫綱カメ目リクガメ科
ー／♂

首の下の突き出た甲羅がカッコいいガッツ。新しいもの好きで、デッキブラシの後を追っての散歩もお気に入り。

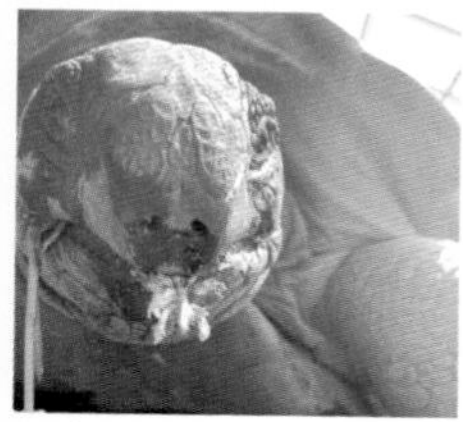

3種のリクガメが一緒に暮らしているので、比べて観察することができます。つぶらな目がかわいいひょう（右上）はヒョウモンガメ、アルダブラゾウガメのまり（右下）は、ぷよぷよのおしりに注目。カメ同士も飼育員さんとも仲良しです。

column

動物園、水族館の情報と

ファンが集まるカフェ

『Gallery Café ＊ Kirin ＊』

（ぎゃらりーかふぇきりん）

全国から動物園、水族館好きが集まるカフェがあるのを知っていますか。大阪・天王寺動物園のそば。見かけもメニューも普通のおしゃれなカフェですが、お客さんには生きもの好きが多いのです。

たこ焼きや串揚げの店が建ち並ぶナニワのワンダーランド「新世界」。通りを行き交う観光客や地元の人たちのにぎわいで関西の元気を感じる街の中心には「通天閣」がそびえ立っています。それを見上げる場所にひっそりと営業しているのが「Gallery Café ＊ Kirin ＊」です。

コンビニの2階にあるこのカフェには、先ほどまでのにぎわいがウソだったかのように穏やかな空間が広がっています。訪れるお客さんの多くは動物が好きで動物園や水族館に足を運ぶ人たち。さらには飼育員さんなど動物園・水族館関係者が顔を出す、知る人ぞ知る動物好きの憩いの場になっています。

カフェで出されるケーキは手作りで、キリンの形をかたどったクッキーが添えてあるのがポイントです。窓の外に見える「通天閣」と一緒に写真を撮ってSNSに投稿する人も多いそう。

店内はカフェスペースだけではなくギャラリースペースとしても貸し出されており、写真やイラスト、ハンドメイド作品などの作品展が定期的に行われています。

特に目をひくのは、Wildlife Conservation Society（アメリカ・ブロンクス動物園内に本部）の元クリエイティブディレクターの本田公夫さんが描く、ぬくもりを感じる動物たちのイラスト。そして、愛媛県立とべ動物園の元副園長である椎名修さんのエッチング技法による銅版画です。それらは展示販売されていて多くのファンが新作を楽しみに待っているのだとか。

ギャラリーでは、飼育員さんによる生きものの保全についてのトークイベントや、各地の動物園を繋いでのオンライン配信などが開催されており、各園のバックヤードツアーなどで普段は見ることの出来ないエリアを紹介するイベントもお客さんから喜ばれたそうです。

動物園や水族館以外の場所で生きもののことや魅力、その園館の取り組みについても知ることのできる「Gallery Café ＊Kirin＊」は、多くの生き物好きが集まるコミュニケーションの場所。動物園・水族館の情報や、なかなか聞けない裏話などがいっぱい飛び交っています。

information

Gallery Café
＊Kirin＊

住所●〒556-0002 大阪府大阪市浪速区恵美須東 2-3-17
電話●06-6632-1155
営業日●金・土・日（不定休）
営業時間●12：00～18：00
Facebook●https://www.facebook.com/Cafekirin/
Twitter●https://twitter.com/gallerykirin

Category
06

CHUGOKU

中国／四国

SHIKOKU

03 ときわ動物園

P160

生息地の環境を再現した生息環境展示を、日本で初めて園内全体に取り入れた動物園。シロテナガザルが暮らす「アジアの森林」や、リスザルが見られる「中南米の水辺」など生息地別4エリアに分かれます。

住所●山口県宇部市則貞3-4-1　**電話**●0836-21-3541　**開園**●9:30～17:00　**休み**●火（祝休日の場合は翌日）　**料金**●小人無料～200円、大人500円ほか　**駅**●JR各線新山口駅から宇部市交通局バス、動物園入口バス停下車徒歩3分　**HP**●https://www.tokiwapark.jp/zoo

04 しろとり動物園

P166

「自由すぎる動物園」として話題の同園ではウサギやクジャクなどが自由に園内を歩き回っており、ほぼすべての動物たちにエサやりが可能。時期によってはトラの赤ちゃんの抱っこや記念撮影ができます。

住所●香川県東かがわ市松原2111　**電話**●0879-25-0998　**開園**●9:30～17:00　**休み**●無休　**料金**●小人無料～1300円、大人1300円ほか　**駅**●JR高徳線讃岐白鳥駅からタクシー10分　**HP**●http://shirotorizoo.com

05 愛媛県立とべ動物園

P170

西日本屈指の規模を誇る同園は、柵や檻をできるだけ使わず段差や堀を利用した立体感のあるパノラマ展示が特徴。国内初の人工哺育で育ったホッキョクグマや、アフリカゾウの親子など150種を飼育展示。

住所●愛媛県伊予郡砥部町上原町240　**電話**●089-962-6000　**開園**●9:00～17:00（入園は閉園30分前まで）　**休み**●月（祝日の場合は翌平日、臨時開園あり）　**料金**●小人無料～100円、大人200～500円ほか　**駅**●伊予鉄道各線松山市駅・横河原線いよ立花駅から伊予鉄バス、とべ動物園前バス停下車徒歩9分　**HP**●https://www.tobezoo.com

06 高知県立のいち動物公園

P174

檻や柵を使わず、生息環境に合わせて飼育。ヤブイヌやオニオオハシなどがいるジャングルミュージアムにはスコールや霧を再現する仕掛けもあり、ジャングルのような雰囲気。動物たちが見せる自然な表情に注目です。

住所●高知県香南市野市町大谷738　**電話**●0887-56-3500　**開園**●9:30～17:00（入園は閉園1時間前まで）　**休み**●月（祝日の場合は翌日）　**料金**●小人無料、大人470円ほか　**駅**●土佐くろしお鉄道ごめん・なはり線のいち駅から徒歩20分　**HP**●https://noichizoo.or.jp

ZOO DATA

01 福山市立動物園

P152

備後地域のシンボルとして親しまれる公立動物園。人気は国内で唯一飼育するボルネオゾウのふくちゃん。他にも黒毛の美男子ミゼットポニーのクロや、おてんばアムールヒョウのラムなど個性派ぞろい。

住所●広島県福山市芦田町福田 276-1　**電話**●084-958-3200　**開園**●9:00～16:30（入園は閉園 30 分前まで）　**休み**●火（祝日の場合は翌日）　**料金**●小人無料、大人 520 円ほか　**駅**●JR 福塩線新市駅からタクシー約 15 分　**HP**●https://www.fukuyamazoo.jp/index.php

02 秋吉台自然動物公園サファリランド

P156

車や専用バスの中から、野生に近い状態で暮らす動物たちが見学できるテーマパーク。アメリカクロクマやアフリカゾウ、ホワイトライオンなど世界の珍しい生きものを含め約 60 種 600 頭羽が暮らしています。

住所●山口県美祢市美東町赤 1212　**電話**●08396-2-1000　**開園**●4～9 月／9:30～16:45、10～3 月／～16:15（入園は閉園 45 分前まで）　**休み**●無休　**料金**●小人無料～1600 円、大人 2600 円ほか　**駅**●JR 各線新山口駅から防長バス・中国 JR バス、秋芳洞バス停下車から防長バス・中国 JR バス、サファリランド前バス停下車徒歩 1 分　**HP**●http://www.safariland.jp

しろとり動物園　撮影：岡本大樹

福山市立
動物園

広島県福山市

カメラを向けると、微笑んでいるような顔をしてくれることも。背中にはにおいを出す臭腺があります。

A 天敵に対抗する武器が少ないため、狭い裂け目の多い岩場などで暮らします。やわらかな足裏にはクッションのような役割が。日光浴も大好きです。B オスのリーダーのもと、複数のメスとその子どもたちの群れで生活するのが基本。C 草や葉が主食ですが、上の前歯は牙のような形で、リスやネズミのようにずっと伸び続けます。

ゾウにもウマにも近い？ ネズミみたいな不思議な動物

ケープハイラックス

哺乳綱岩狸目岩狸科

体長30〜60cm程度、体重3〜4kg程度、アフリカや中東などに生息するケープハイラックスは、色といい体型といい、一見大きめのネズミのような見た目の動物です。でもDNAはゾウに近く、内臓はウマ、その他、いろいろな動物の特徴をもっています。

同園ではボタンインコと同居しています。大人のオスはリーダーの座をかけて親子兄弟でもナワバリ争いをしますが、基本的には穏やかな性格で仲間やインコと仲良く暮らしています。

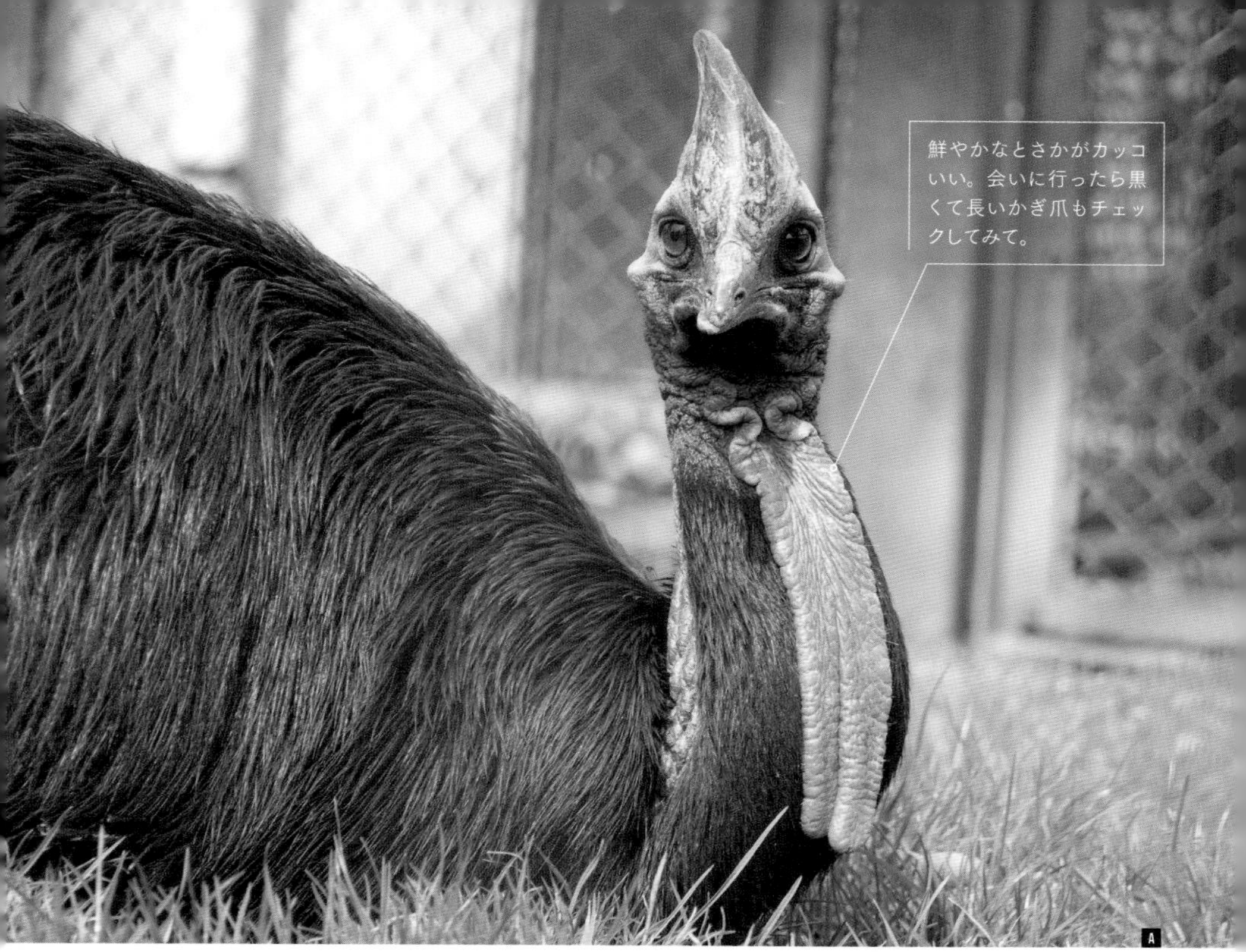

鮮やかなとさかがカッコいい。会いに行ったら黒くて長いかぎ爪もチェックしてみて。

A 草や木で覆われた放飼場には大きな水場もあり、水浴びを見るチャンスも。
B 放飼場のあちこちに置かれた果物などを探し出して食べるのが得意。丸くて色鮮やかな果物やニンジンがお気に入りです。ヒメリンゴくらいの大きさなら丸呑み。
C 野生では単独行動が基本なので、チコとオスのレオが曜日によって交代で出てきます。

世界一危険な鳥？ いいえ、むしろ穏やかです

チコ

ヒクイドリ

鳥綱ヒクイドリ目ヒクイドリ科
1996年3月27日／♀

ジャングルを住み家とするヒクイドリは、大きな体とかぎ爪を使ったキックで危険な鳥として知られています。でも決して凶暴なわけではなく、むしろ穏やかで臆病。攻撃してくるのは驚いたり身の危険を感じたりした時だけです。

チコは飼育員さんが近づくとおしりを向けて座り込むことがあります。これは交尾時に相手を受け入れる姿勢。動かないので困ることもありますが、健康チェックや採血などがスムーズにできるメリットも。

写真提供（p152-155）：福山市立動物園

太陽の日を浴びて
毎朝の大切な儀式

アース

ワオキツネザル

哺乳綱霊長目キツネザル科
2012年3月11日／♂

同園生まれのアースは、おっとりして人好きな性格の人気者。朝９時頃、サル舎に日が指すと、待っていましたとばかりに座って両手を広げ、おなかに日差しを浴びます。この光景、見る人を幸せにさせる（眠たくさせる？）のです。

気になるにおいにはちょっと変顔になっちゃう

ディーン

サーバル

哺乳綱食肉目ネコ科
2012年4月2日／♂

おじさんだけど幼い顔立ち。キリッとしているとクールですが、変顔や甘え顔、ネコそっくりの甘えた声を出すことも。

飼育員さんの足音を聞き分けてフェンスまで迎えにきたり、相手を見て態度を変えたり。かしこいちゃっかり者のディーン。落ち葉の中でエサの鶏頭を見つけると興奮してドリブルするのに、寝室ではすぐ食べるというのがマイルールのよう。

家族で子育て

—

ワライカワセミ

鳥綱ブッポウソウ目
カワセミ科

獲物をしっかりと捕まえる大きなクチバシ。同園ではマウスを中心に与えています。

頭の白いフワフワ毛と、大声で笑っているような独特な鳴き声が特徴的。この鳴き声は縄張りを守るためです。同園では繁殖にも力を入れていて、夫婦で卵を抱いたり、先に生まれた子どもたちが子育てに協力したりする姿も観察されています。

くぼみでぺったんこ

タイヨウ

レア

鳥綱レア目
レア科
2017年2月2日／♂

南米の草地に群れで暮らすレア。タイヨウはペアのシラユキを気づかうジェントルマンです。

ボリュームたっぷり

アヤカ

ダチョウ

鳥綱ダチョウ目
ダチョウ科
2010年6月14日／♀

大きな体にフワフワの羽毛、長い足に大きな瞳と長いまつ毛。水浴びと人と触れ合うことが大好きなお茶目さん。

古代の遺伝子のあらわれ
超希少なホワイトライオン

シャイン & ルーモ

ホワイトライオン（ライオンの白変種）

哺乳綱食肉目ネコ科
シャイン▶2011年6月20日／♂
ルーモ▶2011年6月20日／♀

ホワイトライオンはライオンの白変種でホワイトライオンという独立した種が存在するわけではありません。なぜ白いのか、説として有力なのは、氷河期時代は雪と氷の白い世界でカモフラージュとなったため体毛が白く、その遺伝子が受け継がれて今でも時折白いライオンが生まれるのではないかといわれています。とはいえ、野生で生まれてくることはかなり希少で、両親の両方の白色の遺伝子を受け継いだ場合のみ生まれてきます。

A

ルーモは物怖じせず、どっしりとしている性格ですが、対してシャインは少し臆病な性格で大雨の時や雪の日には展示場まで行きたがらないことがあります。でもシャインはルーモのことが大好きで、追いかけている時は夢中のよう。ルーモはよく岩に乗り日向ぼっこをしていますが、岩に乗っている時は車の窓の高さで見ることができます。

また、エサやりバスのすぐ後では、スタッフがバスに寄せるためエサを使うので、エサを食べている姿を見られるかもしれません。

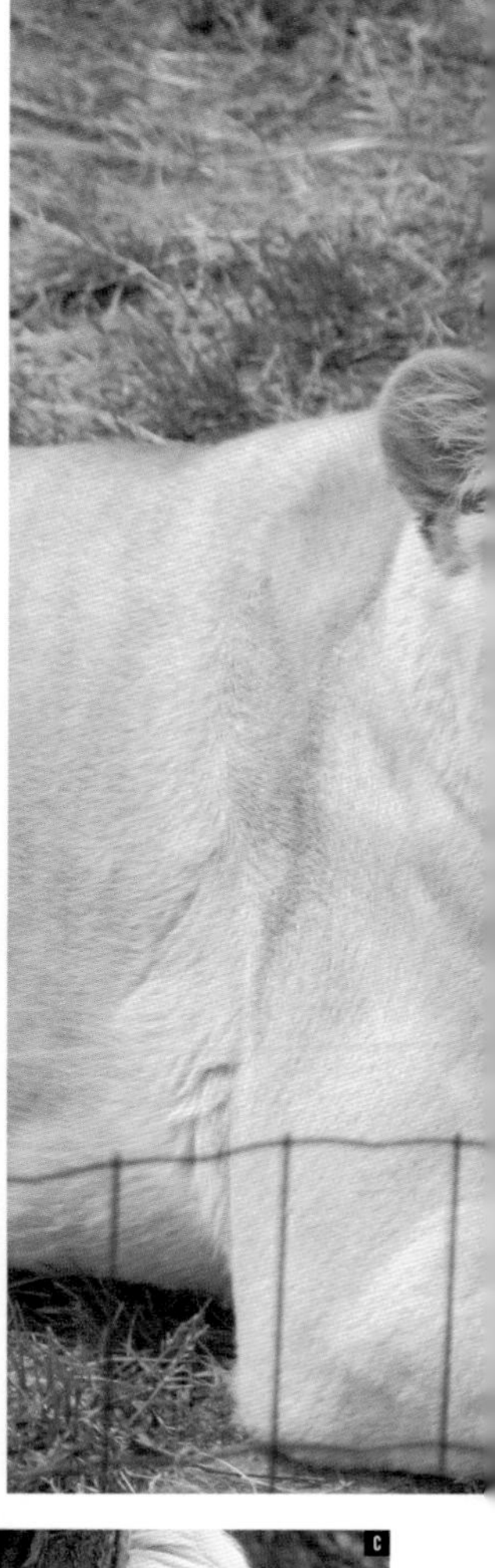

シャイン&ルーモ DATA

性格	ルーモはどっしり シャインは臆病
好物	牛肉

写真提供（p156-159）：秋吉台自然動物公園サファリランド

A バスや車で入れるサファリエリアに来た時は、2頭ともなかなか慣れずにとまどっていました。性格の異なる2頭を一緒に誘導するのは大変だったそうですが、今ではお客さんが写真を撮っても堂々としています。B ふくよかなわがままボディ。だけどキリッとした目をしているルーモ。C 展示場内に岩や倒木を入れ、登ったり爪を研いだりできるようにしています。D 立派なタテガミとボディラインのバランスが絶妙なシャイン。

胴が長く足が短いため、ネコのマンチカンを大きくしたような体型です。

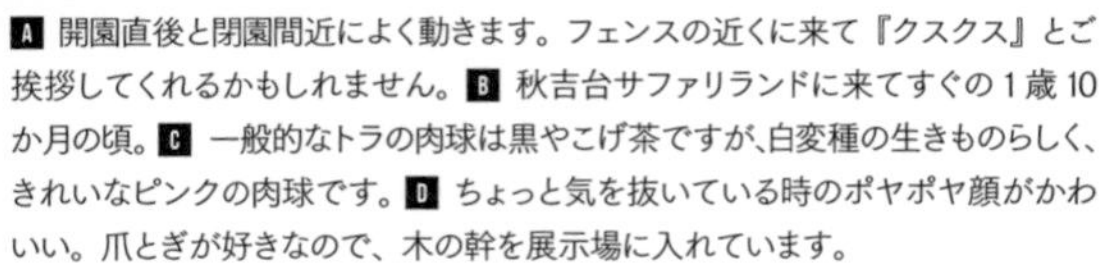

A 開園直後と閉園間近によく動きます。フェンスの近くに来て『クスクス』とご挨拶してくれるかもしれません。**B** 秋吉台サファリランドに来てすぐの1歳10か月の頃。**C** 一般的なトラの肉球は黒やこげ茶ですが、白変種の生きものらしく、きれいなピンクの肉球です。**D** ちょっと気を抜いている時のポヤポヤ顔がかわいい。爪とぎが好きなので、木の幹を展示場に入れています。

世界的にも珍しい 神聖視される白きトラ

ロンド & ユキ

ホワイトタイガー

哺乳綱食肉目ネコ科
ロンド▶2010年10月11日／♂
ユキ▶2011年2月4日／♀

ホ

ワイトタイガーはベンガルトラの白変種。遊び好きで、飼育員さんが近くに行くと、中に入れている木に体を隠すようにして狙うように見てきます。しかし飛びかかることは一切なく『クスクス』と挨拶をしてくれるお茶目なところがあります。

また、水が好きで、池に水をためる際、水とじゃれる姿はまるでネコ。土日祝日にはパフォーマンスとしてエサやり体験をすることができます（数量限定）。

意外とスピーディー

ユキチ&たける etc.

ケヅメリクガメ

爬虫綱カメ目
リクガメ科

ゆっくり動くイメージのカメですが、歩くスピードが速く活発に動き回ってお客さんを喜ばせています。

癒しのリラックス姿

―
アカカンガルー

哺乳綱有袋目
カンガルー科

地面を両手で軽く掘りおしりを穴にはめて寝転ぶのが好き。その時のリラックスしている表情がなんともいえません。

恐竜みたいなインパクト　世界最大級の翼を持つ鳥

ギン & キン

アフリカハゲコウ

鳥綱コウノトリ目コウノトリ科
ギン▶推定 13 歳／♂　キン▶推定 13 歳／♀

アフリカハゲコウは世界最大級の翼を持つ鳥です。そんなハゲコウが広いフィールドで頭上スレスレを飛ぶ迫力満点のイベント「ハゲコウに大接近」が８月〜３月の間行われています。

太くて長いクチバシに長くて白い足、独特なのど袋を持ち、一度見たら忘れられない程インパクトがあります。

長い指、長い腕を使って木から木へと渡ります。地面にはめったに降りずに暮らします。
顔の周りにある白い毛の輪が特徴。手足の甲も白く、毛の色は黒、茶、褐色など様々です。

島の中でのびのび木渡り 美しい歌で縄張りを主張

シロテテナガザル

哺乳綱霊長目テナガザル科

インドネシアやラオス、タイ、ミャンマーなどに暮らすシロテテナガザル。夫婦と子どもという家族単位での生活が基本です。同園では水を怖がる性質を利用して、柵や檻のない環境で展示しています。池の中にある２つの島で群れを飼育しているのです。

島には高さ10ｍほどの本物の樹木が植えられ、野生下と同じように木から木へと渡ることができます。倒木もたくさん配置され、霊長類らしいさまざまな行動を観察できる工夫も。

A ダイナミックな腕渡り（ブラキエーション）に、お客さんから歓声が上がります。運動能力の高さに「忍者みたい」の声も。 B 泳ぐことはできないけれど、手を水にひたして、そこから水を飲む行動が見られます。C ほとんどの時間を木の上で過ごします。まったりしたり、考えごとをするような仕草もしばしば。 D しゃがんでいると腕の長さがよくわかります。日当たりのいい水辺は数少ない地上での観察ポイント。

シロテテナガザルはテリトリーソングと呼ばれる、大きく美しい声で縄張りを主張します。1㎞ほど離れても聞こえるという歌声は、午前中に交わされることが多いとか。

開園時間は外にいますが、高い木の上にいることが多いので、お客さんから「いないね」と言われることもしばしば。姿が見当たらない時は木の上をよく見てみましょう。動きが活発になるのは開園直後と閉園前なので、ぜひ島に寄ってみましょう。

写真提供（p160-165）：ときわ動物園

A アルパカの足の先にあるのは蹄ではなく肉球と爪。時々爪切りをしてもらいます。B エサだけでなく生えている草や落ちている枯草などを１日中モグモグ。C アルパカにとって、ツバを吐くのは精一杯の攻撃。耳を後ろに伏せたり、くちびるを盛り上げる、くちゃくちゃさせているような時はそっと離れましょう。D 長いまつ毛のおかげでしとやかな表情に見えます。

鼻息荒くごはんに夢中
怒るとツバを飛ばします

タック

アルパカ

哺乳綱偶蹄目ラクダ科

ー／♂

南米ペルーなどを原産とする家畜、アルパカ。密度の高いモフモフの毛を刈ると、高級な衣料素材として人気です。もともとは高地に住み暑さに弱いため、同園でも夏は毛を刈っています。

人気のエサやりイベントでは、手やスプーンでエサをあげることができます。鼻息や唇の感触を味わえますが、顔や頭には触らないように気をつけて。驚いたり嫌なことをされたりすると、においの強いツバを飛ばしてくることがあります。

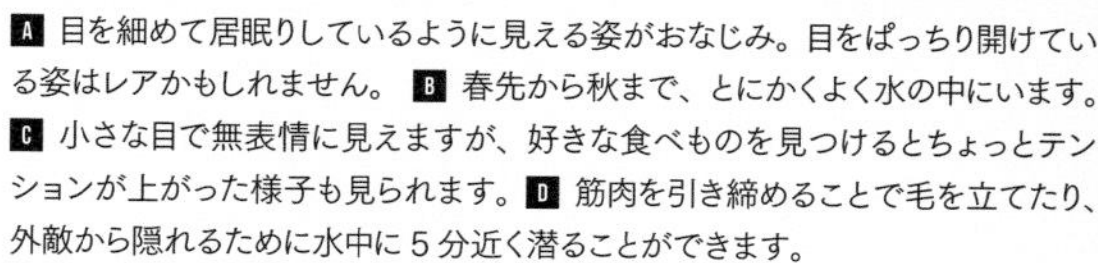

A 目を細めて居眠りしているように見える姿がおなじみ。目をぱっちり開けている姿はレアかもしれません。 B 春先から秋まで、とにかくよく水の中にいます。 C 小さな目で無表情に見えますが、好きな食べものを見つけるとちょっとテンションが上がった様子も見られます。 D 筋肉を引き締めることで毛を立てたり、外敵から隠れるために水中に5分近く潜ることができます。

泳ぎとおねだりが得意 サルたちとの同居も楽しい

カピバラ

哺乳綱げっ歯目
カピバラ科

カピバラは南米の先住民トゥピ族の言葉で「草を食べる者」という意味。のんびり穏やかな性格の癒し系で、同園ではアマゾン川流域などを再現した「中南米の水辺ゾーン」で暮らしています。

一緒に展示されているジェフロイクモザルにちょっかいを出されても気にしないおおらかさ。エリア内の歩道を人が歩いているとマイペースでエサを探しに近寄ってきたり、好きな場所で寝転んでいたり。その自然体が心を平和にさせてくれます。

A 花を抱えたり、顔を近づけたりする仕草はシャッターチャンス。B 長いしっぽでバランスをとりながら、地上から木の上まで走り回ります。C 細長く器用な手指は、ものをつまんだり毛づくろいをしたりと活躍。

花を愛でるような仕草で好物の蜜をチューチュー

ナッツ etc.

リスザル

哺乳綱霊長目オマキザル科
2013年6月／♂

小さな体で木の上を素早く移動する姿はまさにリスのよう。南米北部の熱帯雨林に暮らし、果物や木の実、昆虫などをエサとするサルです。同園では、カピバラたちのいる「中南米の水辺ゾーン」で暮らしています。四季折々の花が咲く中、野生に近い状態で思う存分かけ回る姿にお客さんも笑顔になります。

ナッツはタマとの間に子どもをもうけたお父さん。お客さんにアピールしたり、じっとしていて写真が撮りやすかったりとお客さんに人気です。

ケンカもするけど
ギュッとしてます

ボンネットモンキー

哺乳綱霊長目オナガザル科

ボンネット帽と呼ばれる、つば付きの婦人用の帽子に髪型が似ているところから名付けられました。

インドに生息するサルの仲間で、ニホンザルに似ていますが、やや小型でほっそりめ。同園では40頭以上を2つの群れに分けて飼育。集団行動の中でも、暖をとるためにギュッと寄り添うサル団子は冬の風物詩です。

サルとの同居は意外と快適？

コツメカワウソ

哺乳綱食肉目イタチ科

水場を活かした展示で、元気いっぱいに泳ぎ回る姿を見られるのがうれしい。ボンネットモンキーと同居しているので、サルのすぐそばでカワウソが寝ているシーンがあったり。

伸びると一直線になる平べったい体は水の抵抗を受けにくくするため。素早い泳ぎに目を奪われます。

どこでも一緒のタイヤは、忘れないように必ず見える位置に置かれています。

A 毎度、展示場に出てくる時に持ってくるタイヤ。似たものがあっても目もくれないので、このタイヤだけに愛着が湧いているようです。B エサを持ったお客さんを前にすると、すぐさま檻の間近で口を開けます。大好きなごはんを食べられる時は、何があってもご機嫌。C 器用な長い鼻は、鼻先でものを取れるし、ニオイにも超敏感。

お気に入りのタイヤは いつでも手元にキープ

パトラ

アフリカゾウ

哺乳綱長鼻目ゾウ科
ー／♀

大型トラックのタイヤを器用に長鼻で掴み、いつも持ち歩いているパトラ。以前、タイヤを忘れて展示場に出た時、タイヤがないことに気づくと飼育員さんに八つ当たりしたほど、お気に入りのタイヤです。

園内で販売するごはんをあげることができ、お客さんが近くに来るとすぐに檻の前で長鼻をもたげ、大きな口を開けてごはんを投げ入れてくれるのを待つ姿を披露します。口にうまく入れられなくても、においをたどって長い鼻で拾い上げるので大丈夫です。

A 「モモタイム」でエサをもらうモモタ。小さく切ったニンジンでも、長い舌でちゃんとからめとって食べられます。B 間近で見るとゴツゴツとした骨格と、大きなつぶらな瞳が印象的。首は思った以上に太くて、大きな顔をしています。C すりつぶすようにごはんを食べている時、正面から見ると本当にふてぶてしい顔に見えてきます。それが愛されポイントかも。

見つめてじーっとおねだり ハートマーク背負ってます

モモタ

キリン

哺乳綱偶蹄目キリン科

ー／♂

木の枝を高い位置につけ、野生環境に近い食べ方ができるように作った施設で暮らすモモタ。モモタと同じ目線の高さで、かなり近い距離でごはんをあげたり、写真撮影ができる「モモタイム」があります。正面から見ると、ちょっとふてぶてしいような顔ですが、ずっと観察していると愛着のある顔に見えてきます。

果物でも木の葉でも、器用に長い舌で絡め取って食べます。また、ごはんをくれるお客さんをじーっと見て、エサの催促をするかわいい一面もあります。

赤ちゃんの時は
触れ合い体験も

ベンガルトラ（ホワイトタイガー）

哺乳綱食肉目ネコ科

ベンガルトラの白変種として知られ、白い体毛と青い瞳が特徴のホワイトタイガー。2021 年には同園の 2 頭のホワイトタイガーの間に一頭は茶色の体毛、もう一頭は白の体毛の双子が生まれました。国内約 30 頭いるうち、3 頭が観覧できます。

親子で仲良く揃って行動　寝顔はシャッターチャンス

チャコ

ライオン

ライオン

ー／♀

家族で一緒に暮らしています。ごはんになると、同居する子に先にエサをとられてしまい、負けてしまうこともしばしば。人が好きで、お客さんや飼育員さんが近づくと、檻に体をスリスリする仕草にキュンとします。

タレ目がかわいいマイペースののんびり屋さん。ネコそっくりの仕草にも注目。

かしこくて狩りが得意
つぶらな瞳にキュン

リン

ハリスホーク

鳥綱タカ目タカ科

ー／♀

茶色の体色に際立つ黄色いクチバシがきれい。よく、どこか遠くを見つめるように止まり木に留まっていることがあります。

整った顔立ちが勇ましい女の子。食欲旺盛で、大好きなのはなんといってもお肉です。ごはんの時間には決まってピーピーとエサ鳴き（エサがほしい時特有の鳴き方）でアピール。飼育員さんが腕に乗せて園内を歩く時には注目の的になっています。

タイヤが相棒？

オリー（右）

ブチハイエナ

哺乳網食肉目
ハイエナ科

くりくりとした大きな目が特徴的なオリーは、飼育員さんが通ると御飯をもらえると思って寄ってくる食いしん坊。タイヤや木の枝をかんで遊ぶのが好きです。

純白の羽に黒い瞳

サブロウ

メンフクロウ

鳥綱
フクロウ目
ー／♂

小柄な体ながら、大きな瞳が特徴的なサブロウ。ごはんの時間になると、飼育員さんの腕に飛び乗る気満々で、スタンバイする姿に思わず笑ってしまいます。

国内初、人工哺育で成長 23歳になっても元気

ピース

ホッキョクグマ

哺乳綱食肉目クマ科
1999年12月2日／♀

園の顔ともいえる存在で、長年のファンが多いピース。担当飼育員さんがいる日の午後は、プール遊びが日課となります。ボールや湯たんぽなど、ファンの方々からいただいたお気に入りの玩具で遊ぶ姿にたくさんのお客さんが癒されています。

ピースにはてんかんの持病があるので、飼育員さんはストレスがかからないよう工夫をしています。寝室と運動場はいつでも自由に行き来できるので、体調や気分次第で姿を見ることができます。

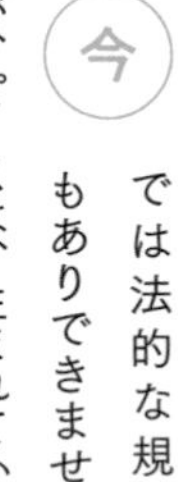

今では法的な規制もありできませんが、ピースは、生まれてから110日間、担当飼育員さんの自宅で育てられました。暑がりのピースのために真冬でも窓を開けて過ごした飼育員さん。大切に育てられたピースの寝室と運動場には4台の監視カメラが設置され、飼育員さんは自宅でも様子を確認できます。

毎年12月に開催される誕生会には全国からお客さんが集まります。ピースの顔を見て涙ぐむお客さんも少なくないというほど、熱烈に愛されています。

A B 飼育員さんに甘える子グマ時代のピース。飼育員さんの集合住宅で過ごした赤ちゃん時代には、鳴き声を聞いた近所の人に、飼育員さんの家の３人目の赤ちゃんだと思われていたそう。C 遊び疲れたのか、平和な寝顔でウトウト。時には舌を丸めてチュッチュッとエアーおしゃぶりをします。

意気揚々と運動場を闊歩。てんかんの発作時に顔などを擦ってケガをしないように、運動場の床の一部はゴム製の素材になっています。

ピース DATA

性格	ちょっぴりこわがり
特技	エアーおしゃぶり
好物	ソーセージ、リンゴ、サケ

写真提供（p170-173）：愛媛県立とべ動物園

愛媛県立とべ動物園

アフリカゾウは大きな耳がチャームポイント。表情豊かな動きにも注目です。左からリカ、媛、砥愛。

珍しい母子での展示
強い絆の母系家族

リカ＆媛（ひめ）＆砥愛（とあ）

アフリカゾウ

哺乳綱長鼻目ゾウ科
リカ▶推定1986年－／♀
媛▶2006年11月9日／♀
砥愛▶2013年6月1日／♀

メスを中心とした家族単位の群れで行動するアフリカゾウ。お母さんのリカを中心として生活する娘の媛、砥愛の3頭は強い絆で結ばれています。

ふだんは優しいリカですが、エサを前にすると別。子どもたちにエサをゆずることはなく、圧倒的なパワーで奪いがちです。媛と砥愛の間でも、見ていてクスリと笑ってしまいそうな、小さな姉妹ゲンカが見られます。砥愛が媛をおしりで遠ざけようとしたり、媛が前足で砥愛に軽く蹴りを入れたり。

3

頭一緒にエサをあげる時には、できるだけ小競り合いにならないように、3頭の位置や投げる場所を気にしながら。それでも姉妹でかわいい揉めごとが起きることがあります。そんな時は母親のリカがきっちり仲裁に入るのです。

繊細な媛はリカに叱られるとシュン。末っ子らしい素直さと要領の良さをあわせもつ砥愛がケロっとしていて、その対比も面白いとか。リカと砥愛に大好きな果物を食べられてしまうことも多い媛。でも大丈夫、1頭の時に専用のスイカなどをもらっています。

A B 身体能力の高い砥愛はゾウらしくないほど機敏で活発な行動も。末っ子らしいちゃっかり者の愛され気質で、体のケアをするトレーニングにはいつもやる気マンマンです。C 肝っ玉母さんのリカ。食欲旺盛で、細かく散らばった乾燥を鼻息で集めてきれいに食べることができます。D E 母と姉の様子をうかがいながら、エサをひとりでたくさん食べる砥愛。お転婆ぶりやちゃっかりぶりに笑ってしまいます。

ピース DATA

性格	しっかり者のリカ、遠慮がちな媛、図太い砥愛
特技	コミュニケーション
好物	果物

高知県立
のいち動物公園

高知県香南市

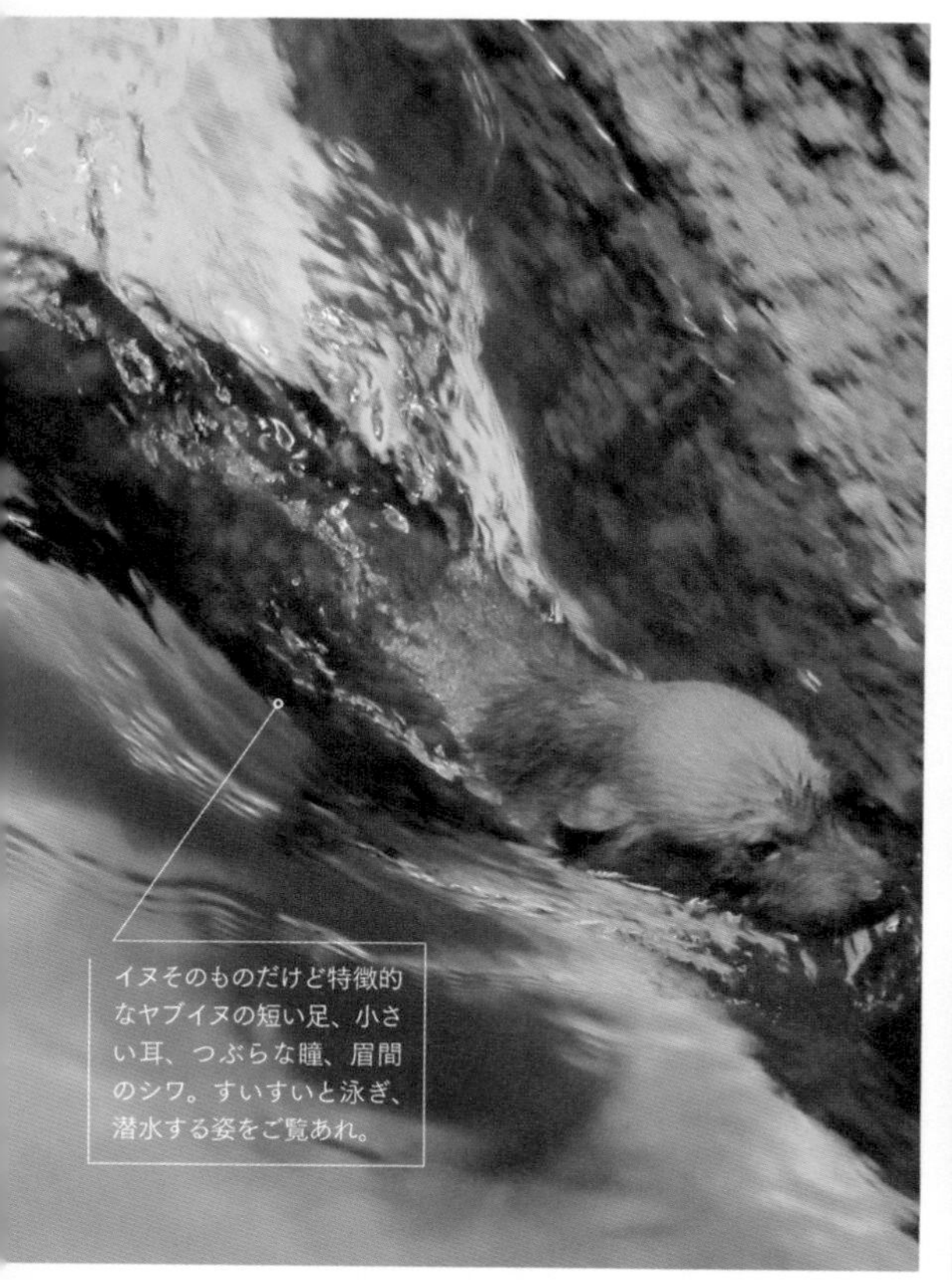

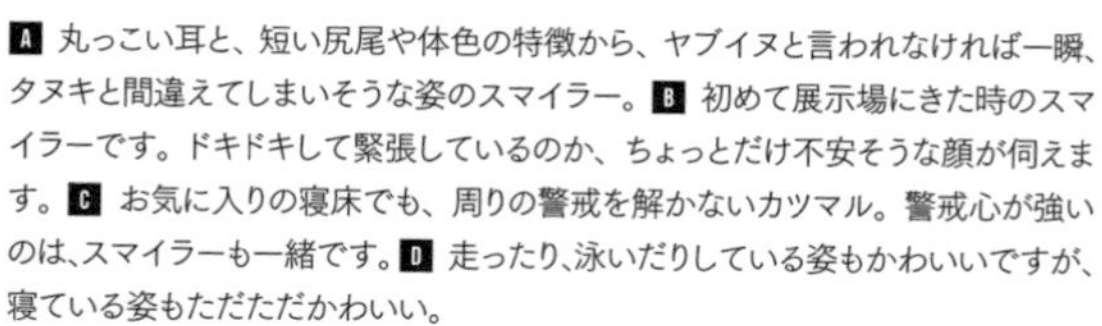

A 丸っこい耳と、短い尻尾や体色の特徴から、ヤブイヌと言われなければ一瞬、タヌキと間違えてしまいそうな姿のスマイラー。B 初めて展示場にきた時のスマイラーです。ドキドキして緊張しているのか、ちょっとだけ不安そうな顔が伺えます。C お気に入りの寝床でも、周りの警戒を解かないカツマル。警戒心が強いのは、スマイラーも一緒です。D 走ったり、泳いだりしている姿もかわいいですが、寝ている姿もただただかわいい。

ちょこちょこ走りで
どこまで行こうか

カツマル & スマイラー

ヤブイヌ

哺乳綱食肉目イヌ科

カツマル▶2016年9月2日／♂

スマイラー▶2015年9月20日／♀

最も原始的なイヌとして語られ、国内動物園での飼育頭数が17頭のみ（2022年9月現在）。指の間には水かきがあり、潜水を得意としています。

展示開始当初は慣れず、カツマルはずっと走っていました。今では飼育員さんが置いた自分のにおいつき乾草を寝床に、ぐっすりと眠る日々を過ごしています。

陸にいればタヌキ、泳げばカワウソに似ている、そんなヤブイヌの不思議な魅力に触れてみてください。

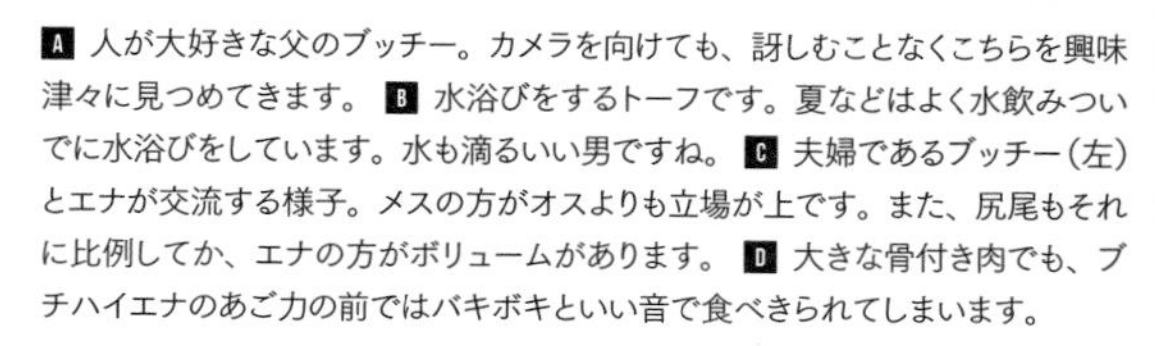
A 人が大好きな父のブッチー。カメラを向けても、訝しむことなくこちらを興味津々に見つめてきます。 B 水浴びをするトーフです。夏などはよく水飲みついでに水浴びをしています。水も滴るいい男ですね。 C 夫婦であるブッチー（左）とエナが交流する様子。メスの方がオスよりも立場が上です。また、尻尾もそれに比例してか、エナの方がボリュームがあります。 D 大きな骨付き肉でも、ブチハイエナのあご力の前ではバキボキといい音で食べきられてしまいます。

コワモテでも仕草はキュート？
人工哺育の奇跡の子

エナ＆ブッチー＆トーフ

ブチハイエナ

哺乳綱食肉目ハイエナ科
エナ▶2008年―／♀
ブッチー▶2008年―／♂
トーフ▶2012年10月2日／♂

サバンナの掃除屋として知られ、強靱なあごでなんでもかみ砕いて食べるブチハイエナ。気の強い母エナから生まれたトーフはこわがりの男の子です。父ブッチーが人と遊ぶのが好きで、飼育員さんを見るとキラキラした目で近づくのに似て、静かに観覧するお客さんとはガラス越しに見つめ合うことも。

トーフは帝王切開で生まれ、人工哺育で育てられましたが、深い愛でエナに受け入れられ、今では元気に展示場をかけ回っています。

写真提供（p174-177）：高知県立のいち動物公園

お母さんの真似をして毛繕い。足の間から分泌される油を体に塗ることで水をはじくので、毛繕いは欠かせません。

A アメリカビーバーの特徴的な丸い尾の幅が広い方がわさび。幅の狭い方がはなびです。B 水に入った初日は飼育員さんたちが見守り溺れ対策もしていましたが、まったく必要ありませんでした。C 赤ちゃんが生まれてしばらくは、お父さんもお母さんも、慣れた飼育員さんにフーフーと威嚇するほど神経質になっていました。子を守る親の気持ちですね。

ずんぐりした体でも
泳ぎはとっても上手

あけび&わさび&はなび

アメリカビーバー

哺乳綱げっ歯目ビーバー科
あけび▶2018年5月24日／♀
わさび・はなび▶2022年6月10日／ー

北

アメリカ最大のげっ歯類、アメリカビーバーは、陸上よりも水中が得意です。双子のわさびとはなびも、泳ぎを習得せずとも本能のままプールにぷかぷか浮かんだかと思えば、1時間もすれば潜水までできるようになった天才児たちです。

どこかぎこちなく泳ぐ姿はもふもふだけど、見た目はカメノコダワシみたい。キュートさで飼育員さんもお客さんもメロメロに。おっとりマイペースなわさびに、アグレッシブなはなび。個性もはっきりしてきたアイドルです。

しっぽがとても器用
高いところが大好き

ケチャップ & ネー

ビントロング

哺乳綱食肉目ジャコウネコ科
ケチャップ▶2009年5月6日／♀
ネー▶2019年5月31日／♀

もこもこした長い毛で覆われています。基本は夜行性のため、昼間はちょっとだけ眠たげな目をしていることが多いのです。

筋肉が発達した長いしっぽを木に巻きつけて体を支えます。1日中、樹上にいることも多く、果物や小動物、昆虫などを食べる雑食性。親子のケチャップとネーは、人工のスコールが降る故郷の環境に近い展示場で暮らしています。

暗いところで押しくらまんじゅう

—

エジプトルーセットオオコウモリ

哺乳綱翼手目オオコウモリ科

群れで集まり、天井にぶら下がっているのがお気に入り。翼手を閉じていると小さく見えますが、広げると2倍以上大きくなります。

キツネのような顔で、くりっとした大きな目が特徴的。広い展示場を自由に飛び回る姿が魅力的で、摂餌時には350頭を超える大群が飛び回ります。朝の給餌時には、エサバットにいっせいに群がって食べるかわいらしい姿を見ることができます。

Category 07

KYUSYU 九州／沖縄 OKINAWA

ZOO DATA

01 福岡市動植物園

P180

3つのエリアに分かれ、希少なアラビアオリックスやヒョウのファミリーなど約100種440点を飼育展示。最新のデジタル技術や映像で、動物の情報や知識が得られる体験型の施設「動物情報館ZooLab」も人気です。

住所●福岡県福岡市中央区南公園1-1　**電話**●092-531-1968　**開園**●9:00～17:00（入園は閉園30分前まで）　**休み**●月（祝日の場合は翌日、3月の最終は開園）　**料金**●小人無料、大人300～600円ほか　**駅**●福岡市地下鉄七隈線薬院大通（動植物園口）駅から徒歩15分／西鉄バス、動物園前バス停・上智福岡中高前バス停下車すぐ　**HP**●https://zoo.city.fukuoka.lg.jp

02 熊本市動植物園

P184

江津湖のほとりに立地する同園では、約120種630頭の動物と約800種の植物を観察できます。国内で唯一飼育するキンシコウや野生では絶滅したシフゾウなど希少な動物は必見。遊園地ゾーンも併設しています。

住所●熊本県熊本市東区健軍5-14-2　**電話**●096-368-4416　**開園**●9:00～17:00（入園は閉園30分前まで）　**休み**●月（祝日の場合は翌平日、第4は翌日）　**料金**●小人無料～100円、大人500円ほか　**駅**●熊本市電A・B系統動植物園入口電停下車徒歩15分　**HP**●http://www.ezooko.jp

03 沖縄こどもの国 OKINAWA ZOO&MUSEUM

P188

日本最南端にある動物園。約150種の動物を飼育展示。中でも琉球弧（奄美大島から沖縄、台湾までの弓状に連なる島々）の生きものの繁殖などに力を入れ、貴重な固有種の保存と普及に力を入れています。

住所●沖縄県沖縄市胡屋5-7-1　**電話**●098-933-4190　**開園**●4～9月／9:30～18:00、10～3月／～17:30（入園は閉園1時間前まで）　**休み**●火（祝日の場合は翌日）　**料金**●小人100円、大人500円ほか　**駅**●沖縄都市モノレール古島駅から琉球バス、中の町バス停下車徒歩15分　**HP**●https://www.okzm.jp

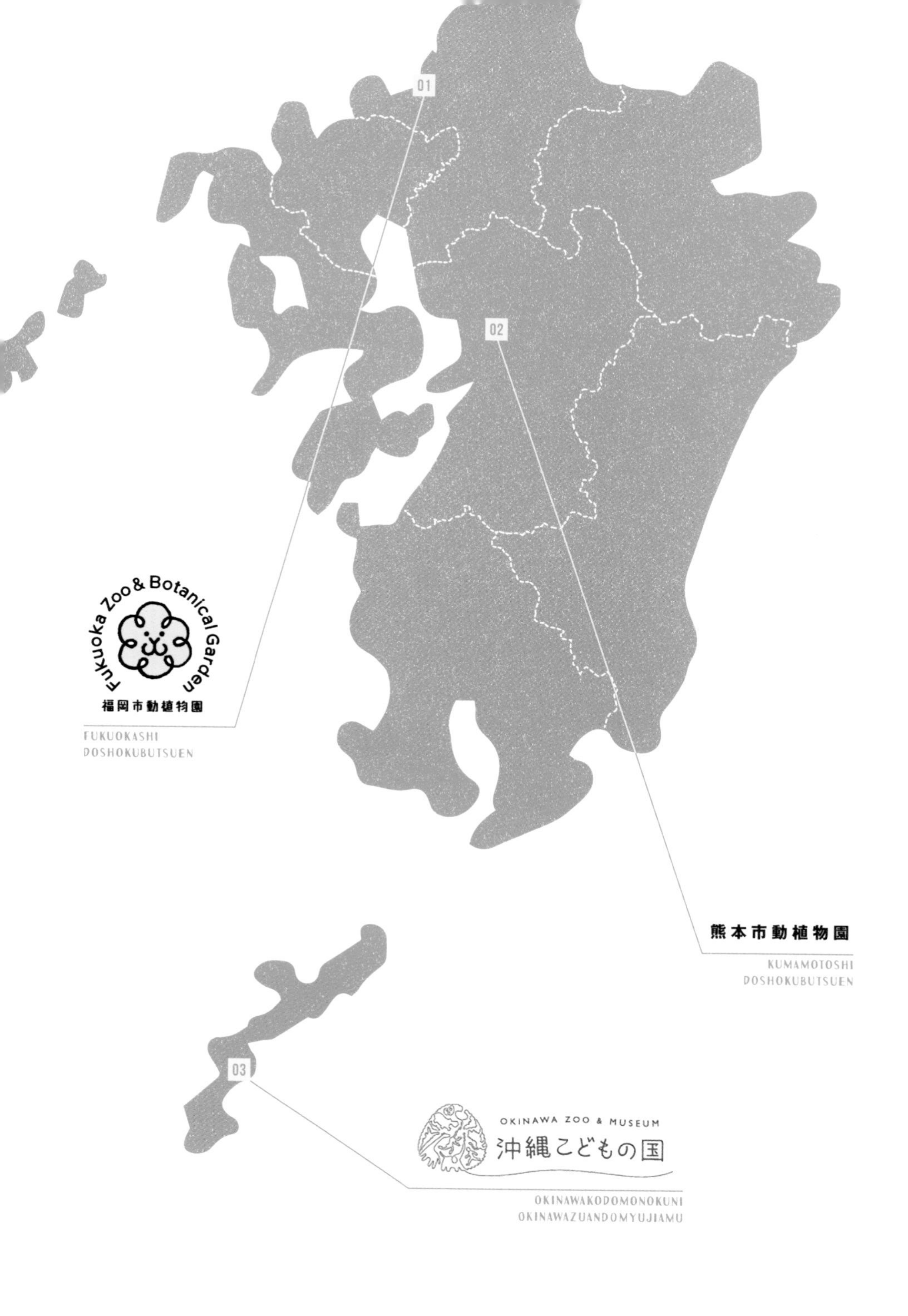
01
02
03
Fukuoka Zoo & Botanical Garden
福岡市動植物園
FUKUOKASHI
DOSHOKUBUTSUEN
熊本市動植物園
KUMAMOTOSHI
DOSHOKUBUTSUEN
OKINAWA ZOO & MUSEUM
沖縄こどもの国
OKINAWAKODOMONOKUNI
OKINAWAZUANDOMYUJIAMU

福岡市動植物園

福岡県福岡市

他のバクと比べてまつげが長く、1cm ほどあります。美人さんなのに写真写りが悪く、ベストショットが撮りにくいのが飼育員さんの悩みの種。

意外と大きくてびっくり
足を投げ出しスヤスヤお昼寝

ユメコ

マレーバク

哺乳綱奇蹄目バク科

1991 年 12 月 19 日／♀

うつ伏せになった時の前足の短さがかわいらしい。白と黒のツートンカラーは後ろ姿を見るとよりエレガントです。

熱帯雨林に生息するバク。ユメコは330kgあり、アリクイと間違えられることが多いそう。とても穏やかな性格で、ひとり遊びが得意なユメコ。枝をくわえたり、吊した枝を左右に動かしたりします。鼻や口もとびきり器用で、獣舎の扉を固定するカンヌキまで開けることができるそう。

バクは水中で排便する習性があり、ユメコもプールで排便をします。寝室でうんちをしたくなると、カンヌキを鳴らしてアピールする賢さも。

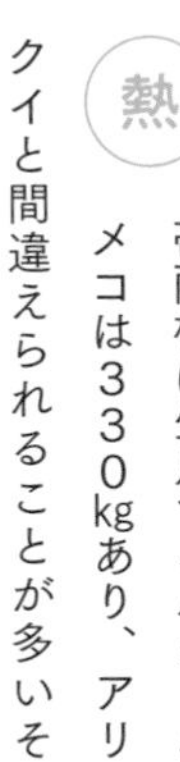

ユ

メコは運動場の壁に舌を少し出し、よだれを垂らす変わった習性を持っています。体調が悪い時にはしないので、あまり良くないクセとはわかっていても、体調の目安として見守っています。

31歳と高齢になり体調管理が難しくなってきたため、寒い時期は暖かい寝室で過ごすことが多くなりました。夕方や明け方などの薄暗い時に活発になり、お昼頃は熟睡タイム。開園直後や閉園直前の暖かい時間帯が、動き回る様子を見やすいです。

A 大きな鼻は地面に落ちているエサや地中の虫などを探るのに便利。 B 泳ぐのは大好き。水中でうんちをする時、なんともいえない気持ちよさそうな顔をします。C 飼育員さんがユメコの穏やかさを感じたのは、マッサージした飼育員さんの手に軽く歯を当てて「やめて」アピールをした時。触れられたくない気分でも怒らず優しく意思表示するのです。 D 樹木の若葉やリンゴ、パンが好き。薬を飲ませる時は大好きなおからに仕込みます。

ユメコ DATA

性格｜穏やかで優しい
特技｜獣舎のカンヌキを開ける
好物｜おから、食パン、リンゴ、若葉

写真提供（p180-183）：福岡市動植物園

泥遊びは豪快
寄り添うおしりは愛しい

ミライ & ミナミ

ミナミシロサイ

哺乳綱奇蹄目サイ科
ミライ▶2017年／♂
ミナミ▶2017年／♀

ブラシで体を擦られるのが好きなミライとミナミ。ブラシで壁を叩くと、すぐに寄ってきます。ミライはミナミのことが好きらしく、体当たりをしたり、頭を大きく振ったりしてアピールしますが、適当にいなされることが多いよう。

ふっくらしっぽがトレードマーク

アカツキ

ツシマヤマネコ

哺乳綱食肉目ネコ科
アカツキ▶2021年4月28日／♂

耳先が丸く、耳の裏に白い模様があります。額の縦縞模様が目立つポイント。

警戒心が強めでお客さんが多い時は隠れがち。でもエサの時は飼育員さんを待っています。草木や池などのある環境で暮らし、暑い日は水に入ることも。飼育下の生活でのストレスを減らせるよう、ケージに入る訓練などもしています。

美顔チャンピオン

D

チャチャ丸

ライオン

哺乳綱食肉目
ネコ科
2013年5月8日／♂

メスの前では弱いけれど、食事後のメスとの鳴き交わし（咆哮）には迫力あり。お客さんにも人気です。

斑点はみんな違う

C

—

フンボルトペンギン

鳥綱ペンギン目
ペンギン科

32羽が一緒に暮らすため個性が観察できます。エサの食べ方もガツガツ派、横取り派などそれぞれ。

元気があまって……

B

ハルマキ

シセンレッサーパンダ

哺乳綱食肉目
レッサーパンダ科
2016年7月16日／♀

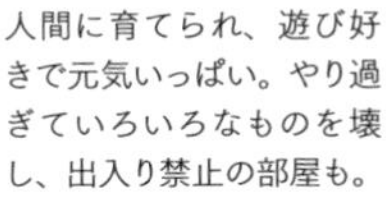

人間に育てられ、遊び好きで元気いっぱい。やり過ぎていろいろなものを壊し、出入り禁止の部屋も。

ポップコーンのにおい

A

ビーン

ビントロング

哺乳綱食肉目
ジャコウネコ科
2003年9月15日／♂

「ビジュアルも性格も最高」と飼育員さん。ビーンは両手（前足）を使って食餌する派。

熊本市動植物園

熊本県熊本市

見た目だけでなく性格も愛嬌たっぷりのベビドン。体がやわらかく、長い爪を枝に引っかけていろんな体勢を取ってくれます。

A かぎ爪になっている手足は、細い枝でも上手に渡っていけるほど器用です。B 木の枝にぶら下がったまま、食事をしたり眠ったりします。C 常に樹上で暮らしていますが、週に1度ぐらいの排便のために地上に降ります。地上での移動は、見ているほうがじれったいほどゆっくり。

空腹より眠気に弱い
朝は意外とスピーディー

ベビドン

フタユビナマケモノ

哺乳綱有毛目フタユビナマケモノ科
2020年9月8日／♂

自分でごはんを食べられるのに、飼育員さんに「食べさせて」と寄ってくるベビドン。好物にもベビドンの中でブームがあります。嫌いな食べものを与えられると、口を開けないというはっきりとした意思表示をしてくるのだとか。

野生の環境に近づけて、本物の木や木組みを合わせた展示場では、木に登って枝葉で遊ぶ姿や、主に木の下などで寝入る姿も観察できます。樹上での動きは意外にも機敏で、飼育員さんが追いつけないこともあるんです。

穴を掘るための長い爪と、大きな鼻がトレードマーク。ずんぐりした体型に、つぶらな瞳の対比が印象的です。

A タヌキより知名度が低いけれど「ムジナ」の名前で昔話にも登場するアナグマ。ずんぐりモコモコの体型とチョコチョコした細かな仕草に愛嬌があります。B 丸まったイモムシを、なぜか伸ばしてからパクリと食べるこだわりがユニーク。C おなかを出した無防備な寝方をしていることがあります。

お肉のためならなんでも
昼寝中はおなか丸出し

いまる

ニホンアナグマ

哺乳綱食肉目イタチ科
2011年4月17日／♀

大

好きなお肉があれば、健康管理のためのトレーニングにもすんなり協力するいまる。飼育員さんのことはしっかり見分けています。

癒し系のずんぐりした体型のわりに、ほっそりした顔。歩いている時のおしりもユーモラス。走るのは速く、飼育員さんがいまるの前でかがむとダッシュしてきます。環境の変化にも敏感で、展示場に木や草を植えると見逃しません。新しいにおいが気になるのか、掘り返してしまうことも。

写真提供（p184-187）：熊本市動植物園

大きな口をあんぐり
スローペースな愛くるしい動き

モモコ&ソラ

カバ

哺乳綱偶蹄目カバ科
モモコ▶ 1997 年 6 月 8 日／♀
ソラ▶ 2012 年 5 月 4 日／♀

顔の倍ほどまで開く大きな口は、噛む力がなんと約1t。大抵のものはかみ砕くので怒らせたら大変です。

来園した当初は環境に慣れるまで大変だったモモコ。スタッフがエサで放飼場まで誘導したり、軽トラなどに驚き獣舎に逃げ込むモモコに連れ添った結果、今では後から来園したソラに寄り添ってくつろぐ姿を毎日見られます。

あくびの後はかわいく舌ペロ　難産の末に生まれた希望の子

レン

チンパンジー

哺乳綱霊長目ヒト科
2022 年 3 月 22 日／♂

母・みるく（左）の最初の子どもは、その日のうちに亡くなってしまいました。2回目の出産でなんとか無事に生まれたレン。お母さんのおなかにしがみついてお乳を飲んだりあくびをしたり。一つひとつの行動にお客さんも釘付けです。1歳となり固形物をつかんで食べたり遊んだり、木に登ったりとアクティブに動いています。

仲睦まじい両親の間で、一生懸命お乳を吸っています。目と目の間がせまく小顔に見えますが、これからどんなふうに成長していくでしょうか。

母と娘でもシマシマには個性
でも共通点もあります

ミヤコ＆ヒトミ

グラントシマウマ

哺乳綱奇蹄目ウマ科
ミヤコ▶2004年4月17日／♀
ヒトミ▶2013年2月24日／♀

母ミヤコと娘のヒトミには、右目の下に共通の黒い点の模様があります。手前がミヤコで奥がヒトミ。

野生では群れで暮らすグラントシマウマ。一見目立ちそうなシマ模様は、仲間と体が重なり合うことで１頭１頭の境がわかりにくくなり、肉食獣にとって狙いがつけにくくなります。エサは乾草を主食に、草食獣用のペレット、ニンジン、キャベツ、オカラなど。

気高い美顔で魅せる

チャチャ

アムールトラ

哺乳綱食肉目
ネコ科
2010年7月28日／♀

繊細で少しの物音に驚くことも。迫力のある顔ですが、飼育員さんに鼻を鳴らして近寄ってくることも。

笹の葉が大事

かぼす

シセンレッサーパンダ

哺乳綱食肉目レッサーパンダ科
かぼす▶2018年6月28日／♂

リンゴが大好きな丸顔のかぼす。笹の葉を前足でつかんで大事そうに食べる様子がユニーク。

約100頭しかいない
日本在来馬の一種

なぐに

与那国馬

哺乳綱奇蹄目ウマ科
2015年1月25日／♂

与那国島に古くから生息する固有の品種。離島暮らしで、他の種類の馬と交配することなく在来種として保たれてきましたが、農耕や荷物の運搬といった役目がなくなるにつれ数が減っていきました。

同園では、希少な在来家畜は活用してこそ存続できるという考えから、様々な取り組みで与那国馬の魅力を発信しています。なぐにも、乗馬体験やエサやり体験、琉球競馬（ンマハラシー）など沖縄の歴史や文化を伝えるイベントで活躍しています。

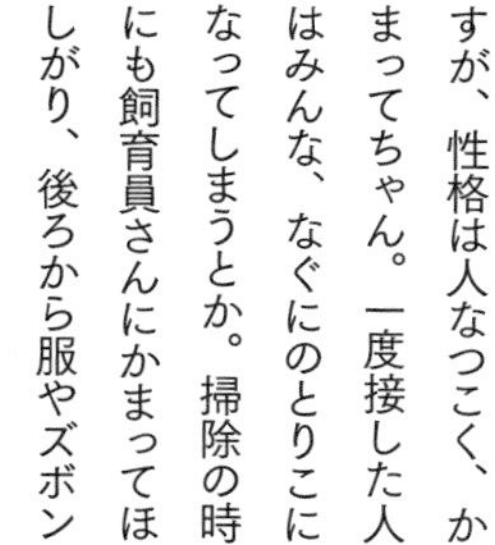

集中力があまり長続きしないなぐにですが、性格は人なつこく、かまってちゃん。一度接した人はみんな、なぐにのとりこになってしまうとか。掃除の時にも飼育員さんにかまってほしがり、後ろから服やズボンをはむはむしてきます。

お父さん、お母さん、妹がいて、妹のよなとは展示場でいつも一緒。のんびり道草をくいながら園内を散歩したり、よなと追いかけっこをして遊ぶのも大好きです。平日の14~16時には走って運動するさっそうとした姿が見られます。

A お母さんの「なびい」と。あどけない顔にフワフワの毛で、生まれた日からしっかり立ち上がって歩きました。 B 青草も食べますが、黒糖や、馬力でサトウキビをしぼるサーター車で汁をしぼった後のサトウキビが大好き。 C 小さな頃から元気いっぱいに駆け回る姿を見守るお客さんがたくさん。 D すっかり格好いい若馬に成長しましたが、かまってちゃんな性格は相変わらず。

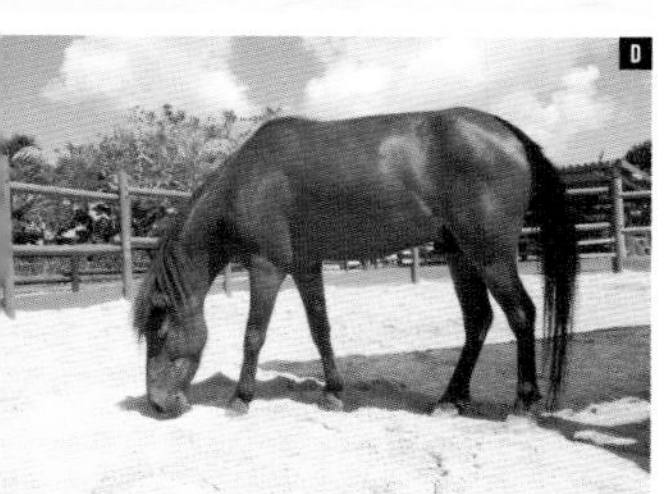

他の馬と交代での展示ですが、午前中は会えることが多いとのこと。妹の「よな」と一緒にいることが多いです。

なぐに DATA

性格 | かまってちゃん
特技 | サーター車でのサトウキビしぼり
好物 | 黒糖、サトウキビ

写真提供(p188-191):沖縄こどもの国 OKINAWA ZOO&MUSEUM

人なつこく「も～」で
エサちょうだいアピール

しのぶ

口之島牛

哺乳綱偶蹄目ウシ科

ー／♂

おなかの左側に白い模様がくっきり。これは口之島牛の特徴でもあります。

日本で唯一、再野生化した牛とされる口之島牛。展示場やうまんちゅ広場でエサを食べる様子を見ることができます。草をはむ音はずっと聞いていたい癒しの音。ブラッシングが好きで、気持ちよさそうな顔を見せてくれます。

ゴツゴツ背中が恐竜みたい？

オキナワイボイモリ

ー

両生綱有尾目イモリ科

国内でも展示が少ない生きものです。名前由来のゴツゴツとした背中、平べったい頭、見つめ合うと魅了されそうなつぶらな瞳が特徴です。湿度が低いとほぼ隠れていますが、飼育員さんの気配で出てくるかわいいところも。

見上げる仕草がキュート。野生ではミミズやクモ、巻貝などを食べます。運が良ければエサを食べるところを観察できるかも。

日光浴が大好き

D

ー

カンムリワシ

鳥綱タカ目
タカ科

目力の強さに野生の迫力がたっぷり。エサの時間に近づきすぎると頭部の羽を冠のように立てます。

甲羅は落ち葉の擬態

C

ー

リュウキュウヤマガメ

爬虫綱カメ目
ヌマガメ科

曇りや雨の日に活発に動きます。甲羅の模様や色味がそれぞれで、落ち葉に似た茶から赤まで。

色も声も美しい

B

ー

チャーン

鳥綱キジ目
キジ科

声や個体ごとの色の美しさが特徴。木陰に集まり、みんなでぎゅっと固まって寝る姿にほっこりします。

あご下がプニプニ

A

ホクト

島ウヮー

哺乳綱偶蹄目
イノシシ科
ー／♀

沖縄方言で豚を意味するウヮー。ホクトはエサがほしいと手すりの縁に前足を乗せて見つめてきます。

撮影

- **阪田真一**（さかた・しんいち）

  動物園写真家・動物園ライター。動物園・水族館・植物園を専門に撮影取材。動物たちを始め、園内で働く人や環境、園内外で行われるイベントの取材記事を手がけると共に、近年では雑誌のインタビューやラジオ出演などでその魅力を伝えている。広告写真家協会（会友）。p148コラムの取材・撮影・執筆も担当。twitter:：@ZooPhotoShin1

- **鈴本 悠**（すずもと・ゆう）

  ライター、時々カメラマン。執筆分野はジャンルを問わず幅広く、写真は好きなものや、その時々に興味をひかれたものの撮影に挑戦。特に愛猫の撮影を極めたいと奮闘中。子どもの頃の夢のひとつはトリの研究者。

- **土肥祐治**（どい・ゆうじ）

  埼玉県在住。雑誌や広告などの媒体で幅広い被写体を相手に活動するカメラマン。母校である阿佐ヶ谷美術専門学校で写真の講師を務めるほか、書籍の執筆も手掛ける。趣味は美術館めぐり、ネコめぐりとスキー。

BOOK STAFF

編集	稲 佐知子 出口圭美（G.B.）
編集協力	柏倉優衣美、澤木雅也
執筆	庄 康太郎 鈴本 悠 松下梨花子 宮原拓也
校正	大野由理
デザイン	別府 拓（Q.design）
DTP	G.B.Design House 矢巻恵嗣
用紙	紙子健太郎（竹尾）
営業	峯尾良久、長谷川みを（G.B.）

動物園(どうぶつえん)めぐり シーズン2

初版発行　2023年5月28日

編集発行人　坂尾昌昭
発行所　株式会社 G.B.
〒102-0072 東京都千代田区飯田橋 4-1-5
電話　03-3221-8013（営業・編集）
FAX　03-3221-8814（ご注文）
URL　https://www.gbnet.co.jp
印刷所　音羽印刷株式会社

乱丁・落丁本はお取り替えいたします。

ISBN 978-4-910428-28-4